育儿三部曲之一

从吃奶到吃饭

刘戊年 著

金盾出版社

内容提要

本书围绕0～3岁婴幼儿吃什么、吃多少、怎样吃这一中心，对母乳喂养，婴儿食物的转换，宝宝吃饱与吃好的判断与改善、婴幼儿喂养行为的建立以及婴幼儿常见微营养素缺乏等话题与家长进行交流。

图书在版编目（CIP）数据

从吃奶到吃饭/刘戊年著．—北京：金盾出版社，2013.7
（育儿三部曲之一）
ISBN 978-7-5082-8385-2

Ⅰ.①从… Ⅱ.①刘… Ⅲ.①婴幼儿—哺育 Ⅳ.①TS976.31

中国版本图书馆CIP数据核字（2013）第094924号

金盾出版社出版、总发行
北京太平路5号（地铁万寿路站往南）
邮政编码：100036 电话：68214039 83219215
传真：68276683 网址：www.jdcbs.cn
封面印刷：北京凌奇印刷有限责任公司
正文印刷：北京军迪印刷有限责任公司
装订：兴浩装订厂
各地新华书店经销
开本：787×1092 1/16 印张：16 字数：160千字
2013年7月第1版第1次印刷
印数：1～8 000册 定价：32.00元

作者简介

刘戊年，现任天津市妇女儿童保健中心主任医师。1990—1993年和1997年美国柏克莱加州大学营养科学系博士后研究员，澳大利亚国家营养性贫血顾问委员会访问学者，曾担任与美国加州大学、联合国大学（UNU）“控制儿童营养性贫血”合作项目与国际研讨会主要负责人。多次参加WHO/NUICEF“婴幼儿辅食添加项目”和国际生命科学学会“婴幼儿营养素需要量与辅食科学会议”研讨以及大会发言。曾获省、市级科技进步奖，韩素音中西方科学交流基金、中国营养学会陈学存奖励基金、美国柏克莱大学自然资源学院研究员基金、亨氏杯营养科学卓越成就奖多项。兼任《中国儿童保健杂志》《中国小儿血液》《中华医学研究》等杂志编委。国内外论著（第一作者）50余篇。《健康报》《大众医学》《亲子》《启蒙》等报刊杂志发表科普文章200余篇。新浪网育儿栏目、中华育儿网、宝宝中心（Baby Center）专家组成员和撰稿人。

前 言

在日常专家门诊时，面对着爸爸妈妈或是爷爷奶奶一张张期盼和疑惑的面孔，我们之间的交流开始了；交流的内容并不复杂，而是一个日复一日的集中在一个很狭小范围内的问题：我们的宝宝6个月了能吃饭吗，我的宝宝缺什么营养吗，宝宝不吃饭怎么办。归纳起来，几乎每个家长都会围绕着这样一个中心话题：我的宝宝应该吃什么？吃多少？怎样吃？

在与家长的互动中，我总是先问宝宝出生几个月了，长了几公斤，会抬头、会翻身、会爬吗，再逐步延伸到妈妈的奶水充足吗，每日吃奶量有多少，我常常会提醒家长，不要太早喂果汁、米汁甚至辅食，以免影响孩子的吃奶量。因为在婴儿早期没有任何食物比母乳或配方奶还好。对于大些的孩子，我要问，宝宝加饭了吗，吃的什么饭，吃奶量有没有减少，如果宝宝八九个月大，夜间睡觉不踏实，我会告诉他，那不一定是缺钙，最大的可能就是没吃饱（尽管家长表示怀疑）！

八九个月大的宝宝应及时转换辅食的性质，如果还像一两个月以前那样，每天只是米粥、面汤，可以肯定地告诉你，宝宝是无法用这些食物填饱肚子的！你的宝宝几个月没长体重的症结也在这里。如果因为怕宝宝吃硬些的食物会恶心、咽不下去甚至卡住而不敢去尝试，那就大错特错了，哪个宝宝不是经历了这么一个“险恶”的敏感时期而学会吃饭的！退一步说，即便是推延到一两岁再去尝试，宝宝仍然不会躲过这个过程，看看你身边一两岁还不会吃饭的孩子有多少？其实，在这一阶段，宝宝所吃的食物几乎都是整个儿吞下去的，宝宝不是长得挺好吗！如果一直吃米粥、面汤之类的食物，它容易消化、不会卡着，不会让您担心！但把它放在与影响孩子生长发育的天平的另一端掂量一下，你就会知道如何选择！

2002年以来，我一直从事着“婴幼儿辅食营养密度（质量）”的研究，结果发现，6～24个月的婴幼儿辅食的能量摄入低于世界卫生组织推荐标准量的28%。铁、锌、钙等营养素摄入量低于推荐值的12%～28%。9～11个月这个年龄段，奶量不充足，辅食质量差的问题最严重，这个时期婴儿贫血、佝偻病的发生率也最高。

本书始终围绕宝宝应该“吃什么，吃多少，怎样吃”这个中心，每章由喂养操作要点、喂养指南、常见问题、生理与营养学知识、食谱及家庭制作、营养评估七个部分组成。喂养操作要点是对每章重点内容的提示（不超100字），包括喂养时间，每次喂养量、每天次数，吃什么。喂养指南部分，根据不同的年龄特点讲解3～5个问题，每个问题又包括若干小问题。常见问题以家长提问为素材，与喂养指南互相补充。食谱及家庭制作，举例介绍了不同年龄阶段婴幼儿食谱及其家庭制作。生理与营养学知识简单讲述了有关儿童营养学的基本知识。最后是营养评价，从宝宝当前的体重、身高，食物选择，喂养行为等方面帮助你对自己宝宝的喂养进行家庭评估，评估虽然简单，但很有实际意义。

作　者

第一部分 0～3岁婴幼儿喂养指南

目录

第二部分　吃什么、吃多少、怎样吃得精准

第三部分　微营养素缺乏症与儿童健康

第一部分
0～3岁婴幼儿喂养指南

第一章　母乳是大自然赐给宝宝的最好食粮

开头语：

母乳完全适合宝宝婴儿期成长发育的需要。母亲用乳汁喂哺孩子时，由于与自己的子女密切肌肤接触而建立起亲切的母子之情，是人生中最宝贵的财富。

母乳喂养应在生后半小时内尽早开始，并作到按需喂养。

——辅食添加十原则之一（WHO/UNICEF，2002）

喂养参考标准：

母乳或配方奶，按需哺乳，24 小时吃奶次数达 8 次以上，甚至达 10～12 次，夜间至少需要喂 1～2 次，每日小便 6 次以上。无论是母乳还是配方奶喂养，都应做到用身体多和孩子接触，用目光和孩子对视，使母婴双方在心理上和感情上得到亲近和满足。

指南

一、母乳是婴儿最理想的天然食物

母乳中蛋白质、脂肪、糖、无机盐和维生素等营养素最适合婴儿的需要，各

种营养成分比例适当，又易于消化吸收，而且这些营养成分的比例和分泌量随着婴儿的生长发育而改变，这是任何配方奶和其他代乳品所无法比拟的。

1. 母乳是最适合婴幼儿的天然食物

母乳中蛋白质、矿物质含量要低于牛奶或配方奶，但这并不意味着母乳营养价值低，恰恰相反，正是由于这些特点，才真正表达了母乳是最适合婴儿天然食物的本质。母乳营养均衡，易于消化吸收。母乳内含抗体，可防止宝宝感染疾病。母乳的温度适中，哺乳可促进子宫早日复原，对母体有益。在哺乳过程中，可增加母亲和孩子的感情交流，使孩子有安全感。母乳喂哺不仅对婴儿有利，而且十分经济方便。就保护孩子的健康而言，再少的母乳喂养也比完全没有母乳喂养要好。

2. 迅速生长期的喂奶

有一段时间，你会发现孩子吃奶更加频繁，或许感觉到宝宝没有吃饱。虽然你喂奶的时间已经比平时长了，感觉自己的乳房已经“空了”，但是宝宝看上去好像还是很饿。这些事实是告诉你，宝宝又迎来一个发育的高峰期，他希望用这种办法告诉你要多分泌一些乳汁。此时可以根据每个孩子的具体情况分别对待，对于生长稍显缓慢的宝宝，千万要抓住这一时机，让宝宝尽可能多吃些。

一般来说，新生儿发育的高峰期是有规律的，新生儿期的中间（第2周）和月末这两个阶段发育迅速。到了3周时，宝宝的脸庞就会渐渐圆起来，母乳可以根据婴儿不同生长阶段的需求不同而随时自行调节量与质地变化。

3. 宝宝一个月之后

在1～2个月内母婴要互相适应，从按需喂养渐渐过渡到3～4小时哺乳一次，每侧乳房哺乳8～15分钟，然后更换另侧乳房再哺5～15分钟。3个月后，随着婴儿夜里睡眠时间加长，一次可睡5～6小时，夜里喂乳减少一次。喂母乳每次要左右乳房轮流哺乳，以便每侧乳房都能有完全吸空的机会。乳房越空越能促进乳腺泌乳，婴儿每次用力吸空乳房是最好的催乳剂。

4. 为什么母乳比牛乳更容易消化

母乳比牛乳更容易消化与其营养成分的质量与比例不同有关。母乳中的

蛋白质以乳清蛋白为主，进入胃后与胃酸相遇形成的凝块小，而且容易消化。而牛乳中的酪蛋白比较多，进入胃内凝块大，不容易消化。正是两种奶中乳清蛋白与酪蛋白比例的截然相反，导致了它们理化性质、营养价值及婴儿吃了以后的反应不同。

此外，母乳含有的不饱和脂肪酸比牛乳多，脂肪颗粒小，并含有丰富的消化脂肪的酶，易于消化、吸收。母乳中乳糖含量较高，乳糖能促进肠道生成乳酸杆菌，抑制大肠杆菌的繁殖，保持了肠道菌群的平衡，有助于婴儿的消化功能。

5. 人生的第一次"免疫"

初乳应该是宝宝最先吃到的食物，初乳中含有丰富的抗体和其他保护性成分，是对宝宝防御疾病的第一次"免疫"。随着婴儿的生长，婴儿需要建立自身的免疫系统，这就需要从母乳中获取一些重要的营养成分，母乳中含有比牛奶或配方奶更多、更具有活性的免疫球蛋白，这些营养成分是任何其他种类的乳汁所不具备的。与初乳相比，成熟乳成分的改变不断适应着婴儿营养的需要，而一旦缺乏这些营养成分，婴儿就很容易患病。

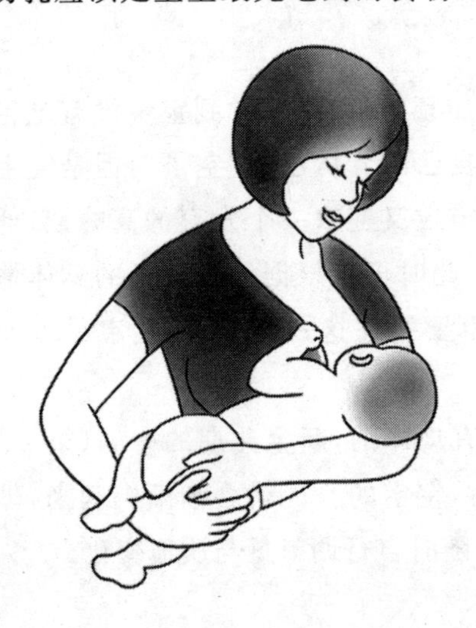

二、怎样进行母乳喂哺

出生后不久，宝宝的小胃只能装得下一茶匙的液体，所以他并不需要很多东西来填满它。因此，喂哺母乳的宝宝在 4 个月之前不用添加任何食物，包括水。

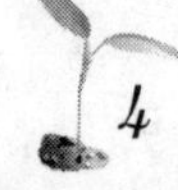

1. 让母子都感到舒适

无论采用何种姿势，喂奶时都应以母亲和宝宝的舒适为原则。乳母喂奶时可用一手轻轻托起婴儿臀部，让婴儿头部自然靠在母亲肘上呈一直线，做到胸贴胸、腹贴腹，两个人肌肤密切接触。婴儿的下颌贴乳房，鼻尖对乳头，母亲的另一只手托起乳房，待婴儿张开嘴时，即把乳头和部分乳晕放进婴儿的嘴里。为保持奶量充足应做到早喂奶、勤吸吮，做到充分地、有效地吸吮。

2. 剖宫产妈妈的母乳喂养

剖宫产不会影响母乳的分泌，有时剖宫产妈妈很难做到早开奶，在孩子的觅乳的本能强烈时，乳母仍需要尽早给孩子喂奶。伤口的疼痛影响妈妈喂养的信心和她的姿态，剖宫产可能会使妈妈在喂孩子时的磨合期稍微长些。这时丈夫或其他人应鼓励妈妈忍受疼痛，尽量做到能喂孩子多少就让孩子吸多少。由于剖宫产失血是自然分娩的4倍，所以妈妈饮食上要注意增加补血的食物，还要格外注意休息。

3. 年龄越小越应“按需哺乳”

尽管刚出生才几天，但他的吮吸能力却十分强烈，可能需要每小时都吃一次奶。因此，根据这一生理特点和营养需要，新生儿宜采用非限制性喂奶法，每当婴儿啼哭或母亲觉得应该喂哺的时候，即抱起婴儿喂奶。开始时可能吃奶次数很多，时间也无规律。在2～4天以后，母亲身体就会逐步适应这一要求并进行自我调整，喂奶的间隔时间会渐渐延长，1～3小时吃一次奶，24小时吃奶次数达10次或更频繁，但此时仍应做到只要宝宝想吃，就给他喂奶，直到宝宝睡着为止。

4. 在“轻松”环境下喂养

母亲在给孩子喂奶期间保持轻松愉快的心情对乳汁的分泌和宝宝身体状况会有十分重要的作用。母亲“常乐”对孩子心理健康也产生深远的影响。有经验的人都知道，如果母亲经常在生气、焦虑的情况下给孩子喂奶，奶水会减少。一些研究还发现，这种情况下孩子成人后的攻击性行为较多，情绪也多不稳定。因此，对婴儿的母亲来讲，经常保持轻松愉悦的心情对宝宝的健康成长

具有不可低估的作用。

5. 新生儿需要夜间喂奶

新生儿胃的容量很小，每次吃奶量为十几毫升到几十毫升，按胃容量来计算，大致45分钟左右要吃一次奶，因此新生儿需要夜间喂奶，一般晚上至少需要喂母乳1～2次。对于生长缓慢的新生儿有时还可以再增加喂奶次数，这对于孩子的营养来说没有害处，反正吃了以后可以再睡，看着宝宝一天天长大，妈妈夜间的辛苦就微不足道了。

6. 母乳喂养，丈夫能做些什么

妈妈哺乳，爸爸也不能袖手旁观，丈夫亲自来伺候“月子”在感情方面的效果是其他人无法代替的。它不仅仅关系到是母婴的健康，同时也是亲密家庭关系的一个纽带。当你看到妻子在产后虚弱的身体及辛苦的劳作时，要给她爱抚、安慰和鼓励，丈夫的拥抱、亲吻对妻子来说会使她感到无比欣慰，这对帮助母亲分泌乳汁是非常好的。妈妈喂奶很辛苦，尤其在夜间更是显得比较劳累，这个时候丈夫的任何一个很小的“支持性”工作，都会给妻子增添信心和力量。

三、早产儿喂养

1. 早产儿的矫正月龄

出生后的月数扣除早产的月数等于矫正月龄。例如宝宝现在已出生6个月，但原本是提早两个月出生，则其矫正月龄应为(6减2)4个月。表示其体内的器官功能成熟度与正常4个月的宝宝相当，所以饮食方面的需求亦大致相同。正常足月生产的宝宝是在4～6个月后开始添加辅食的，而早产儿开始添加辅食的时间应往后推迟1～2个月。

2. 早产儿的母乳喂养

早产儿为了“追赶”生长速度，需要更多的蛋白质和热量，而早产儿的母亲身体会迎合这个需要制造出高热量、高蛋白的母乳，因此早产儿更加需要母乳喂养。为保证早产儿快速生长发育，其母亲乳汁中所含蛋白质要比足月儿母亲

乳汁中的含量高很多，而且蛋白质为溶解状态的乳清蛋白，妈妈的奶水里还含有较多帮助消化的蛋白酶，所以早产儿吃妈妈的奶，蛋白质最容易消化、吸收和利用。早产儿母亲乳汁所含的不饱和脂肪酸、乳糖和牛磺酸等大脑发育所必需的原料都比较高，为早产儿大脑的“追赶”发育提供了营养保证。

3. 不应以任何借口拒绝母乳喂养

以各种借口不让母亲哺喂自己的早产儿的理由常常因为早产儿吸吮能力差，体温过低，易患病，需要与母亲分开进行特护等。其实，这样的做法是非常错误的。当早产儿不会吸奶时，应尽量刺激他的吸吮反射，同时将母亲乳汁挤出来，用滴管或鼻饲管喂给早产儿吃。一旦有吸吮能力，就尽量让早产儿吸吮母乳，同时再用小杯或小勺喂已经挤出的母乳，以保证早产儿的需要量。

早产儿比较弱小，很容易疲劳，他需要额外的抱和哄，需要很多很多的耐心。他也许一开始只能够一次吸吮几秒钟，甚至可能对母乳根本不感兴趣，并且因为习惯了另外的哺喂方式，他可能感到不解和不安。你需要镇静、轻柔、耐心地对待他，仔细观察他。有的宝宝可以马上叼住乳头吸吮，有些宝宝要舔一舔乳头、轻轻吸两口就松开。一开始的哺乳对于母子二人来说都是一个学习的过程，无论早产儿还是足月儿，最初的哺乳都不一定一帆风顺，拥抱和亲热的过程多于实际的哺喂，这种亲密的接触令你们获益匪浅。

4. 早产儿的营养需求

在怀孕37～42周之间产下的宝宝称为足月儿，怀孕20～36周产下的宝宝则称为早产儿。在热量的需求上，早产儿的营养摄取，每日每千克体重至少需达120千卡才能维持正常发育，高于一般的新生儿。蛋白质的需求上，足月儿的蛋白质摄取量约每日/体重(千克)2.2克，而对于体重低于1 500克的早产儿来说，则需摄取到3.0～3.6克才够。早产儿的糖类摄取，应占总热量摄取的40％，脂肪摄取则需占总热量的40％～50％。另外，必需脂肪酸中的亚麻酸、亚油酸及多元不饱和脂肪酸，也是早产儿必需的营养素。

5. 早产儿与足月儿母亲分泌乳汁的差异

因为早产儿母亲的母乳中，蛋白质及钠含量较高，热量高，较利于早产儿消化吸收。一般足月乳母的奶水成分与前者相比，热量较低，蛋白质和钠的含量

较低。对早产儿来说，早产儿母亲的奶水，最适合早产儿，因此要鼓励早产儿母亲不要放弃哺喂母乳！一般的足月宝宝在 6 个月左右会逐渐进入添加辅食阶段，早产儿因为发育速度较慢，所以可能要等到 7～8 个月大时，才能开始尝试。至于鸡蛋、坚果等容易致敏的食物，最好等宝宝 1 岁之后，再给他吃。

四、孕妇的饮食和营养储备

1. 自妊娠第 4 个月起，保证充足的能量

怀孕头 3 个月为第一期，是胚胎发育的初期，此时孕妇体重无明显增长，所需营养与非孕时近似。第二期即第 4 个月起体重增长迅速，母体开始贮存脂肪及部分蛋白质，此时胎儿、胎盘、羊水、子宫、乳房、血容量等都迅速增长，第二期增加体重 4～5 千克。妊娠的后 3 个月为第三期，体重约增加 5 千克，整个妊娠期总体重增加约 12 千克。为此，在怀孕第 4 个月起必须增加能量和各种营养素，以满足母子二人的营养需要。同时妊娠期各个阶段体重增加的情况也是衡量胎儿发育的一把尺子。

2. 食物多样化，以增加营养素的摄入

我国推荐膳食营养素供给量中规定孕中期能量每日比普通人增加 200 千卡，蛋白质增加 25 克，钙增加至 1 500 毫克，铁增加至 28 毫克，其他营养素如碘、锌、维生素 A、维生素 D、维生素 E、维生素 B_1、维生素 B_2、维生素 C 等也需相应增加。如此高的营养需求一般饮食是无法达到的，因此膳食中应当增加鱼、肉、蛋等富含优质蛋白质的动物性食物，含钙丰富的奶类食物，含矿物质和维生素丰富的蔬菜、水果等。蔬菜、水果还富含膳食纤维，可促进肠蠕动，防止孕妇便秘。

3. 妊娠后期保持体重的正常增长

孕期营养低下使孕妇机体营养物质贮存不足，胎儿的组织器官生长发育迟缓，早产儿发生率增高。但孕妇体重增长过度、营养过剩对母亲和胎儿也不利，一则容易出现巨大儿，增加难产的危险性。二则孕妇体内可能有大量水潴留和易发生糖尿病、慢性高血压及妊娠高血压综合征等。因此，孕妇应以正常妊娠

体重增长的规律合理调整膳食，并要做有益的体力活动。

4. 妊娠期间的定期体检

一般孕母都会去做常规的体检，特别是做血红蛋白检查，如果血红蛋白降低，基本可以判断是缺铁性贫血。其实它还是整个身体营养状况的缩影，有着重要的意义，血红蛋白降低标志着体内还会有其他营养物质的缺乏。另外，腿抽筋是很容易判断为缺钙的情况，牛奶或者孕妇奶粉都可以作为营养的补充，也可以适当补充一些钙剂。体检时，大到体重的监测，小到各种营养素的化验检查，必须定期进行。体检时不能仅仅抓住某一项的异常，必须综合季节、饮食、体重增长、活动量等综合分析。此外妊娠期的心理卫生同样重要。缺铁、缺钙是妊娠期间最常见的营养问题，也是宝宝出生以后缺铁、缺钙的根源。因此，一旦体检发现有这些问题，一定要引起足够重视，通过调整膳食甚至是药物治疗及时纠正，并做到长期跟踪。

5. 母亲补充营养可以通过乳汁传递给宝宝吗

有些妈妈总希望能通过自己多吃些含钙、铁、锌和维生素高的食物或者通过服用营养补充剂来达到给孩子补充营养的目的。研究发现，母亲乳汁的营养成分是相对稳定的，至于哪种营养素可以通过乳汁来传递给宝宝还要具体分析。一般来说，维生素类的营养物质或补充剂会对乳汁含量甚至对婴儿的影响比较明显，而一些矿物质几乎不可能起作用(表 1-1)。

表 1-1　母亲营养素含量及其对婴儿的影响

营养素	母亲缺乏对乳汁含量影响	母亲补充对乳汁含量影响	母亲补充对婴儿影响
维生素 A	↓	↑	↑
维生素 D	↓	↑	↑
维生素 B	↓	↑	↑
维生素 C	未知	未知	未知
钙	无	无	无
铁	无	无	无

续表

营养素	母亲缺乏对乳汁含量影响	母亲补充对乳汁含量影响	母亲补充对婴儿影响
锌	无	无	无
硒	↓	↑	未知
碘	无/轻↓	↑	未知

五、母乳喂养期间乳母的饮食

1. 保证供给充足的能量

乳母每天分泌 600～800 毫升的乳汁来喂养孩子，当营养供应不足时，即会破坏本身的组织来满足婴儿对乳汁的需要，所以为了保护母亲机体和分泌乳汁的需要，必须供给乳母充足的营养。

乳母在妊娠期所增长的体重中约有 4 千克为脂肪，这些孕期贮存的脂肪可在哺乳期被消耗以提供能量。以哺乳期为 6 个月计算，每日需从膳食中额外补充 600 千卡的饮食。800 毫升乳汁约含蛋白质 10 克，母体膳食蛋白质转变为乳汁蛋白质的有效率为 70%，因此乳母膳食蛋白质每日应增加 25 克。蛋白质应当注意选择一定量的动物性蛋白，以提高各种必需氨基酸的摄入。多喝汤水，比平时多进液体 1 000～1 500 毫升以供乳汁分泌。限制辛辣及强刺激食品，禁烟酒。

2. 增加鱼、肉、蛋、奶、海产品的摄入

母乳的钙含量比较稳定，乳母每日通过乳汁分泌的钙近 300 毫克。当膳食摄入钙不足时，为了维持乳汁中钙含量的恒定，就要动员母体骨骼中的钙，所以乳母应增加钙的摄入量，建议乳母钙摄入量每日为 1500 毫克，相对于普通成人的 2 倍。钙的最好来源为牛奶和孕妇奶粉，乳母每日若能饮用牛奶 500 毫升，则可从中得到 570 毫克钙。此外，乳母应多吃些动物性食物和大豆制品以供给优质蛋白质，同时应多吃些水产品。海鱼脂肪富含二十二碳六烯酸(DHA)，牡蛎富含锌，海带、紫菜富含碘。乳母多吃些海产品对婴儿的生长发育有益。

3. 乳母一日膳食食谱

粮谷类400～600克，其中掺入一部分粗粮，如玉米、小米、大麦等。

蛋类100～150克，豆制品50～100克，鱼、禽、猪牛羊肉类150～200克，牛奶200～440毫升。

蔬菜250克～500克，其中绿叶蔬菜占1/2以上，新鲜水果250克。

烹调植物油20～30克，食糖20克，盐适当限制。

以上食物相当于乳母在每日膳食基础上热量需多摄入500～800千卡，多增加25克蛋白。喂养一个6个月的宝宝时乳母的营养需要与9个月的妊娠孕妇基本相同。

六、配方奶粉——母乳最佳替代食物

1. 学会使用奶瓶喂配方奶

奶瓶喂配方奶时要把孩子放在你的一侧臂上，做到孩子视力与大人相对视。喂奶时要将奶瓶倾斜，以防止孩子吃不到奶，只吸空气。同时要注意奶嘴头上洞口的大小，如果过小，不妨用消毒过的针挑大一点儿。喂奶时防止配方奶粘在瓶上，塞住奶嘴口。给孩子喂一会儿配方奶，应把他放在大人的肩膀上或腿上，拍拍或轻轻按摩他的后背，直到他打嗝。如果轻拍几分钟以后，孩子还不打嗝，就不要再拍了。如果孩子在吃奶过程中睡着了也不要拍醒他。

2. 配方奶替代母乳喂养不宜过早

由于孩子吸奶瓶乳头与吸吮母亲乳晕需要不同的方法，过早用奶瓶进行人工喂养会给孩子带来味觉和触觉上的混乱。如果同时使用两种吃奶方法，孩子就难以选择恰当的吃奶方式，导致孩子吃奶困难，尤其对一些很敏感的婴儿更是如此。另外，过早用奶瓶进行人工喂养，母亲容易出现乳房肿胀、母乳量减少等现象。一般3～4周以后，当母子双方都熟练掌握了母乳喂养方式时，再给婴儿补充奶瓶喂养，宝宝往往会顺利接受。

3. 加热配方奶时要小心

用奶瓶喂养的父母每次给孩子喂奶时都要把奶加热到与体温接近的温度。

热配方奶可把奶瓶放在热水容器里，直到奶瓶温热。或者把奶瓶放在带电的奶瓶加温器里加热，这大概需要一两分钟，奶瓶热了，摇一摇，使热量分布均匀。你可以在手腕的内侧上滴几滴配方奶水，如果既不热，也不冷，就说明温度适中。用微波炉热配方奶，容易过热，烫伤孩子，尽量避免。如你坚持要用，应取掉奶瓶顶部和奶嘴，然后再放在微波炉中加热。一般只能热几秒钟，无论在那种情况下，热完配方奶后都要充分摇动瓶子，在喂奶前一定要再试一下温度。

4. 母乳与配方奶喂养婴儿体重的比较

母奶喂养的宝宝其生长速度与以婴儿配方奶粉喂养的宝宝稍有不同。对婴儿生长发育进行比较后发现，喂母乳的宝宝在出生后至6个月内体重超过喂配方奶的宝宝，之后喂母乳的婴儿生长速度会逐渐慢于喂配方奶的婴儿，到一岁时体重大约相差500克。由于配方奶在加工时保留了蛋白质、脂肪、能量高的特点，当宝宝生长缓慢、营养不良或希望婴儿最好长得高一点或重一点时，可以适量补充配方奶来改善婴儿营养并促进其生长。

5. 用微笑传递你的爱

当用奶瓶喂奶时，应尽可能模仿母乳喂养时的做法，用身体多和孩子接触，用目光和孩子对视，使母婴双方在心理上和感情上得到亲近和满足。在奶瓶喂奶时母亲或其他人要随时通过抚摩、语言、微笑来传递你的爱，使婴儿产生良好的情绪，并经常处于活跃、愉快、反应灵敏的状态，以促使婴儿早期情绪行为的发展。如果你忽略了这一点，就意味着剥夺了大人与孩子之间的交流亲密感情的惟一机会。

一、常见问题

1. 小婴儿可以不喂水吗

我国民间有句谚语，母乳可以“饿了当饭，渴了当水”，这话很有道理。正常婴儿在出生时，体内已贮存了足够的水分，足可维持至母亲来奶。母乳或配方

奶中含水分在80%左右，只要奶量充足，宝宝不会发生缺水的情况，过多水分的补充会影响宝宝吃母乳的量。如果天气过分闷热，可在两次授乳期间给孩子喂一些水，每次10～20毫升，每天给孩子饮水量不要超过60～90毫升。在孩子拒绝时也不强求，他会从多次授乳中得到所需要的水分。

2. 为什么婴儿不适合喂牛奶

虽然牛奶中所含蛋白质大约是母乳的3倍，矿物质的量也明显高于母乳，但是婴儿对牛奶的消化和吸收远远不如母乳和配方奶。同时还会加重新生儿未发育成熟的肾脏的负担，在发热或腹泻的情况下可引起严重的疾病。牛奶中的脂肪酸成分与母乳有明显差别，尤其缺乏婴儿生长必需的一些脂肪酸。用牛奶喂养的儿童更容易发生缺铁性贫血，因为牛奶里铁的吸收率仅为母乳的1/5。市场上普通的全脂奶粉按规定比例加水冲调后的性状和营养物质含量与鲜牛奶相似，因此同样不宜喂养新生儿和一岁以内婴儿。

3. 宝宝的排便次数多少为正常

吃母乳的宝宝，排便次数比吃配方奶粉的宝宝多，有的达到一天5～6次。一般的形状为黄色糊状，中间还混杂有颗粒。有些宝宝一吃母乳即解大便，大多是胃肠的一种生理反射，只要孩子愿吃奶和精神好，体重正常地增加，这些都是常见的现象，不应看做是拉肚子。宝宝2～3个月大以后，排便次数会逐渐减少，这是由于母乳中乳清蛋白与酪蛋白的比例发生变化，母乳中的液体逐渐减少，甚至有些宝宝会3～4天才排便一次，但只要大便不干硬，孩子解便无痛苦，都是可以接受的。

4. 宝宝熟睡时，是否需要把他吵醒来喂食

以我们大人自己的感受来讲，睡眠是最舒适的感觉，正在熟睡之际被吵醒了，即使是山珍海味的食物也是无胃口的，况且宝宝目前所需要的是睡眠休息而不是要吃。宝宝肚子要是真正饿了，自然会醒来要吃的，所以只要是宝宝成长发育得还算正常，就算少喂几次奶也无妨，宝宝如果睡过了吃奶的时间，就顺势将喂奶时间拉长，切勿于睡醒后再追补先前所没喂的奶量。

5. 绿色大便

对于只吃母乳的宝宝来说，绿色大便是不正常的信号，需要警惕。如果宝

宝的大便差不多总是绿色的，他的体重也长得不好，奶水看起来很充足，那可能是他吃到的前奶太多，后奶不足。因为前奶更稀，含有的乳糖多、热能少，所以会刺激宝宝的消化道对母乳的消化过快，拉出常常很稀的绿色大便。总是拉绿色大便还可能是宝宝对什么食物或环境过敏的征兆或是某些品牌奶粉营养成分不均衡造成的。如果宝宝各方面都正常，偶尔解绿色大便可视为正常。

二、生理与营养学知识

1. 初乳、过渡乳和成熟乳

母乳可分为初乳(产后 4～5 天)、过渡乳(产后 5～14 天)、成熟乳(产后 14 天～9 个月)和晚乳(10 个月以上)。初乳每天分泌 2～20 毫升，初乳比较稀薄，含脂肪量较少，蛋白质较多，而且大部分为球蛋白，这样适合新生儿的消化能力和营养需要。随着婴儿的长大，消化能力逐渐增强，乳量增多，乳汁也会变浓，脂肪成分增加。6 个月后母乳量与营养成分逐渐下降。

2.“前奶”与“后奶”

每次哺乳时，开始分泌的奶汁与后来的也不一样，在不给孩子喂奶的时间产生的奶，呈蓝白色，水分多，称为“前奶”。孩子最初吃到前奶，可以止渴。喂奶过程中产生的奶，较前浓稠，含高脂肪，称为“后奶”，可以止饿。

如果宝宝吃奶时间过短，往往吃不到充足的后奶，会影响宝宝营养和能量的摄入。如果妈妈奶水多，宝宝体重增长不理想，可以试着开始时先挤掉部分母乳(前奶)，这样就可以使孩子吃到比较多的营养丰富的后奶。

3. 产后乳汁分泌量

宝宝出生后开始阶段每次的哺乳量只有十几毫升，到一周末会增加到 40～50 毫升，到一个月时每次哺乳量在 100 毫升左右，每日平均哺乳量为 500～700 毫升，但应当注意每个个体之间差异还是比较大的(表 1-2)。

表 1-2 产后乳汁分泌量

出生后时期	每次哺乳量(毫升)	每日平均哺乳量(毫升)
第1周	18～45	250
第2周	30～90	400
第4周	45～140	450
第6周	60～150	700

4. 母乳也有天然缺欠

母乳营养均衡，易于消化吸收，可以说母乳是大自然赐给宝宝的最好食粮。但母乳也有一些天然的缺欠。例如，每600毫升母乳含铁0.3毫克，尽管它的吸收率高达50%，但也只能有0.15毫克被婴儿机体吸收和生物利用，仅达需要量0.8毫克的1/5，这是婴幼儿长时间母乳喂养容易患缺铁性贫血的主要原因之一。此外，母乳中维生素D、维生素K的含量也很低，因此新生儿出生后两周应开始预防性补充维生素D，以防止佝偻病的发生，在有些情况下还需要补充维生素K。这里应当强调的是，尽管母乳有这样的天然缺欠，但与母乳的天然优点相比，优点要远远大于缺欠。

5. 催奶的食物或药物

妈妈奶水不足时更应“按需喂养”，尽可能让宝宝多吸吮，吸吮时把乳晕也含入口中，以刺激乳腺分泌乳汁。母奶是越多吸吮，奶量越多。同时母亲多喝鸡汤和鱼汤，充分休息，奶量会多起来。喂奶时通常是吃空一侧，再吃另一侧，下次喂奶，次序相反。如果母乳实在不够，应先吃母奶，再吃配方奶，或一次吃母奶，下一次吃配方奶。

催奶食品有鲫鱼汤、猪蹄汤和黄豆汤等。中药催奶有一定效果，建议处方为生黄芪30克，当归15克，西川芎2.5克，王不留行4.5克。每剂煎2次，1日服完，连服15剂。

6. 消除母乳性黄疸小经验

母乳性黄疸多见于纯母乳喂养的新生儿，这种黄疸多为轻、中度，很少引起

严重的后果。对于比较轻微的母乳性黄疸，在两三天时间内每次喂奶前把吸出的母乳放在奶瓶中，外面用一个较大的容器盛56℃的水浸泡15分钟，之后再喂孩子吃。随着母乳中β-葡萄糖醛酸苷酶活性的破坏，未结合胆红素通过肝肠循环回吸收的减少，黄疸必然会减轻。3天后继续原来的母乳喂养即可。或者暂时停母乳3～5天，然后再继续喂母乳，这样宝宝的黄疸会慢慢褪去。

三、新生儿喂养及营养学评估

按需哺乳是指婴儿出生后最初1～2个月内，乳母根据乳房胀满情况和婴儿饥饿表现给予哺乳，不要怕麻烦或担心孩子吃得太多，在婴儿啼哭、饥饿时应立即给哺乳。生后最初1～2个月的宝宝是否吃饱可以通过多种征象加以判断(表1-3)。

表1-3　通过吃奶状况来判断是否吃饱

孩子吃奶情况良好的征象	婴儿吃奶状况不好征象
按需哺乳，每日喂奶8次以上	每日喂奶次数少于8次
喂奶时，听到婴儿急速吞咽声	多次听到嘴唇发出“吧嗒”的声音
当奶被吸吮时，声音会逐渐加深、变长	你意识到婴儿很少吞咽
在两次喂奶之间很满足，睡得好，开心	宝宝的小嘴不自主地做吸吮动作
喂奶过程中乳母不感到乳房疼痛	喂奶过程中乳房疼痛并缺乏饱胀感
每日小便6次以上	每日小便不足6次

第二章 纯母乳喂养才是最棒的

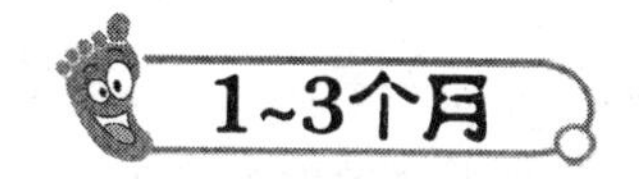

开头语：

乳房是工厂而不是仓库，即使奶水不足，也让宝宝吮吸，要刺激乳房末梢神经，增加泌乳激素的分泌，保障母乳充足，做到纯母乳喂养。

从出生到生后4~6个月应做到纯母乳喂养，此后持续母乳喂养并可持续到生后第二年。

——辅食添加10原则之二(WHO/UNICEF,2002)

喂养参考标准：

母乳或配方奶，800~1 000毫升/日，母乳喂养6~10次/日，配方奶喂养5~6次/日，每次喂120~180毫升。尽可能不添加米汁、果汁、菜汁等以免影响母乳或配方奶摄入量。鱼肝油400国际单位/日。

指 南

一、纯母乳喂养是最佳选择

1. 纯母乳喂养与部分母乳喂养结果大不相同

虽然都是母乳喂养，但部分母乳喂养与纯母乳喂养仍有很大区别，纯母乳

喂养是最佳选择，任何有可能影响纯母乳喂养的因素都应当去除掉。在此阶段如添加一口水或其他饮食，婴儿就会少吃一口母乳，还增加了婴儿患腹泻的可能性，从而影响婴儿身体的发育。在母乳喂养的母亲中有一半以上可能是部分母乳喂养，如果次数太少或量少，其结果远远不如纯母乳喂养。研究结果表明，非纯母乳喂养婴儿身材矮小的危险性是纯母乳喂养婴儿的 2.2 倍，同时发生腹泻的危险性也增加了 2.7 倍。

2. 喂奶量与日增加

在第 1 个月期间，大多数每次喂养时给予 90～120 毫升已经足够，以后每过一个月增加 30 毫升，第 2 个月内 120～150 毫升，第 4 个月时增加到 150～180 毫升。4 个月时他每天的摄入量将达到 900 毫升，一般来说，这足以提供他目前的营养需要。当你熟悉宝宝发出的饥饿信号和需要时，你可以按照他的需要调整他的喂养计划，喂奶量是否充足，最直接反映出来的就是婴儿体重的增长及夜间睡眠情况。

3. 乳母的营养状况与泌乳量

人类哺乳的开始及维持受复杂的神经内分泌机制控制。大多数妇女的泌乳能力比一个婴儿所需要的母乳量要大。泌乳是一个持续的过程，但产生的乳量则主要由婴儿的需要来调节。正常情况下，产后乳汁分泌量逐渐增多。营养状况良好的乳母，每日可泌乳 800～1 000 毫升。影响泌乳量的因素很多，如乳母的健康状况、心理因素、婴儿的吸吮程度和频率等都对乳汁的分泌产生影响，乳母患营养不良将会影响乳汁的分泌量和泌乳期的长短。当乳母热量摄入很低时，可使泌乳量减少到正常的 40%～50%。对于营养状况良好的乳母，如果哺乳期节制饮食，也可使母乳量迅速减少。对于营养状况较差的乳母，补充营养，特别是增加热能和蛋白质的摄入量，可增加泌乳量。

4. 3 个月的宝宝

对于你 3 个月的宝宝，母乳仍然是他最好的食物。现在，仍不需要给你的宝宝喂水、果汁、牛奶或辅食。

3 个月时宝宝可以有自己的吃奶时间表。如果妈妈将要返回工作岗位，一种方式是用吸奶器把你的奶吸入一个清洁的奶瓶里，在你离开时由其他护理人

员喂他。在开始返回工作岗位之前，应当做好准备，在这之前几周时间里，你就应该开始用吸奶器吸你的奶，让其他人用奶瓶来喂，用这种方法每天喂一次。装在奶瓶中的母乳在冰箱里可以储存48小时，如果在冷藏箱可以储存2～3个月。储存时要在奶瓶上标明母乳储存的日期。一些母亲不愿意选择吸奶器，在这种情况下，可在你工作时间给孩子喂配方奶粉。当你在离开家之前和回家之后可以尽可能多的母乳喂养。

二、宝宝吃饱了吗

这是一个年轻妈妈时常遇到的问题，如果过分依赖某一本书的知识来掌握给孩子哺乳的精确数量和次数，可能会给你带来许多麻烦。当你逐渐熟悉孩子时，你会自己找到这些问题的答案。

1. 每个孩子的营养需求各不相同

每个孩子的吸收能力、活动水平、生长速度与吃奶习惯各不相同，不管进行母乳喂养还是配方奶喂养，最重要的是记住孩子的需要是独特的。孩子能够调节自己的摄入量以适应自己的特殊需要。随月龄长大，婴儿会适应逐渐延长喂奶的间隔时间，因此每天不必强求固定的量进行喂养，孩子会告诉你什么时候他吃饱了。需要警惕的是，不是因为你非常疼爱和关心你的宝宝，宝宝就一定能吃饱，因为知识或经验的缺乏，孩子没吃饱的现象实际上很常见。

2. 怎么知道奶量充足

奶量充足表现为母亲乳房外观饱满，可看到青筋（怒张的静脉），用手挤时容易将乳汁挤出。孩子吃奶时有连续的咽奶声，吃饱后放掉乳头或者含着乳头，安静入睡。大便1天2～4次，金黄色或黏糊状。醒后精神愉快，最重要的是体重每月稳步增长。

特别提示：饥饿的信号

孩子用力吮吸舌头，嘴巴发出声音，张开嘴在寻找东西或把手放在脸上，或是把胖胖的手指放到嘴里，这提示他饿了。如果他吃完母乳或奶瓶中的配方奶后仍然咂嘴唇，寻找乳头或把手放进嘴里，面部表情出现变化、吮吸其他物品时，说明他仍然没有吃饱。

3. 有时吃奶少些是正常的

同一个孩子，第一天可能吃很多母乳，第二天却可能只吃几口。其实，孩子吃多少奶，要根据孩子的具体情况而定。在婴儿快速生长期，孩子会感到比平时更容易饿。如果用母乳喂养，就要做好更多次喂奶的准备。如果是配方奶喂养，每次喂奶时应多喂一些。但接下来几天宝宝的食量又会变小，可能有几天吃得都不多，甚至拒绝吃。婴儿长大些仍然会出现这样的现象。一般的规律是，宝宝在明显表现出饥饿感，吃奶量急剧增加并持续一段时间后，随之而来的是吃奶量减少甚至出现厌食，好两天，坏两天反复交替。

4. 不能等到孩子哭了才给他喂奶

孩子饿了就会哭，但是你不能等到孩子哭了才给他喂奶。随着你对孩子逐渐熟悉，就会逐步掌握孩子饥饿时的表现，提前做好准备，而不是等到他饿得号啕大哭时再做准备。孩子大声哭时已是饥饿的晚期表现，这时再给他喂奶，你就得在喂奶之前先让他安静下来，这将是件很麻烦的事。母乳喂养的妈妈必须充分了解宝宝在饥饿时出现的种种轻微变化，如果孩子不安宁、哭闹、吮吸指头，你最好每次再增加些奶量，如果孩子仍不满意，你就还得增加，甚至要加些配方奶。

5. 宝宝会告诉你他吃饱了

通常情况下，在几次猛烈的吸吮后，你也可以听见吞咽的声音。在第一个月期间，假如饮食合适，他每天会排尿6～8次，并至少大便两次。随后，排便的频率减少，甚至两天排便一次，如果孩子生长旺盛，这很正常。如果他不饿，就会紧闭嘴巴、扭转头甚至睡着。即便没吃饱，如果孩子吃不下去，你就得停止喂奶。如果他饿了，看到食物会很高兴，甚至会挥动胖胖的双手、踢脚、身子向前倾向你微笑。多留心观察，宝宝是饥是饱就很容易掌握了。

特别提示：宝宝吃饱发出的信号

如果他把头转开，或紧闭双唇，或不吮吸奶瓶乳头，就说明他已经吃饱了。在吃奶后睡眠1～2个小时也是吃够奶的标志之一。此外，根据孩子尿布的干湿也可来判断孩子是否吃饱。如果喂养合适，他每天会排尿6～8次以上。吃饱了的信号有两层意义，一是不能让孩子饿着，这样会影响孩子生长。二是避免过度喂养，一旦出现吃饱了的信号，就不必再强求，过度喂养会导致孩子体重快速增加，这样为孩子将来超重或肥胖埋下隐患。

6. 逐步停掉夜间喂奶

到2个月大时，或者体重大约增加到6千克时，大多数婴儿不再需要夜间喂养，从晚上10点左右最后一次喂奶到次日凌晨再喂，夜间睡眠时间可达6小时或更长。随着孩子的长大，他们的胃容量也在增加，白天哺乳期间的间隔时间更长，每次吃奶的量也随之逐渐增加。因为他们在白天吃得更多，而且睡眠方式也更加规律，这时可以试着停止夜间喂奶。婴儿夜间不再喂奶有利于孩子和大人的休息，也会使宝宝第二天吃奶量有所增加。

7. 辅食的准备阶段

宝宝出生后3～4个月时可给宝宝尝试不同的味道，丰富宝宝的口腔触觉。此阶段妈妈柔软的乳头是新生儿惟一的“餐具”，而当您用小汤匙或婴儿专用的喂养勺子来给宝宝尝试菜汁、果汁时，他的口腔就会产生完全不同的触感，有的宝宝对不同的触感表现出很大的兴趣。在辅食的准备阶段，丰富宝宝的口腔触

觉也可以使正式的辅食添加更为顺利，但这一阶段仅仅是做好准备而已，并不意味着就要开始添加辅食。

三、喂奶时发生的问题

对于亲子双方来说，喂养都应是一个放松、舒适和喜悦的过程，是妈妈表示爱意和亲子相互了解的机会。假如妈妈紧张或没有兴致，孩子也会接受这些消极情绪，因而出现喂养问题。

1. 为什么容易发生吐奶

发生吐奶的常见原因与吃奶开始时速度太快或过度喂养有关，一般来说，吃得多，长得快的宝宝出现这一情况几率大。婴儿的胃容量太小，或食管、贲门发育不成熟，无法紧闭，以致奶水逆流回食管，这些生理特点导致了频频吐奶情况的发生。如果这时宝宝正在吸气，就会造成呛奶。如果宝宝喝奶时，奶水误入气管，会引起连续呛咳等不适反应，并把奶吐出来。此外，宝宝喝奶时姿势不佳，使得奶水直接进入呼吸道。或者奶嘴孔洞太大，宝宝来不及吞咽，多余的奶水便进入气管也都是常见原因。一般这种情况在1～2个月多见，3个月之后会慢慢减少乃至消失。

2. 发生吐奶、呛奶的紧急处理

如果宝宝是平躺时吐奶或呛奶，请迅速将他的脸部侧向一边，以免吐出的东西，向后流入咽喉及气管，切忌慌张和手忙脚乱。吐奶、呛奶后应用手帕、毛巾卷在手指上，深入宝宝口腔内，甚至深入到咽喉处，将里面的奶水、奶块迅速清理出来。紧急情况下家长可以直接对着他的口鼻，用力吸出异物。如发现宝宝没有呼吸或脸色变暗时，表示吐出物可能已进入气管了，应当准备急送医院并马上让宝宝俯趴在你的膝上或床上，用力拍打其背部4～5次，直到他咳出来，孩子的脸色转红，呼吸平稳为止。

3. 如何区别吐奶与真性呕吐

吐奶是婴儿期常见的现象，不是病。一般宝宝喂食后，会流一点点奶出来，只是溢奶而已。有时吐奶是因为婴儿进食的量超过了他的胃容积，他会在嗳气

和流涎时吐奶。吐奶一般不造成孩子窒息、咳嗽、不适，对孩子没有危险，即使在睡眠中吐奶也没有必要担心。

真性呕吐大多呕吐得很厉害，婴儿会感到非常痛苦或同时出现一些伴随症状。如果每次喂食都吐得很厉害时，就会失去大量的水分，发生脱水。真性呕吐多见于胃肠道疾病、感染性疾病和中枢神经系统疾病等。

4. 减少吐奶发生的技巧

避免哭闹时喂奶或其他刺激事物使孩子分心，保持哺乳时平静和愉快。用配方奶喂养的孩子在哺乳期间每5分钟左右让孩子嗳气一次。避免躺着给婴儿哺乳，也要避免给孩子过度喂奶和吃得过快。如果奶水充足，可以在吃母乳开始时用食指、无名指夹住乳头，以控制吃奶速度。在哺乳后应将孩子呈直立位靠在妈妈怀中或是放在婴儿座上。此外，在宝宝比较饿的时候再哺乳也可以减少吐奶的发生。

5. 呃逆的对应办法

如果婴儿在哺乳期间出现呃逆，孩子会变的烦躁和哭闹不安，这种情况下大人可能会不知如何应对。此时可改变一下孩子的位置，试着改变孩子喂奶的姿势，让孩子放松并将胃内的气体放出来，等到他呃逆停止时再重新开始哺乳。如果呃逆持续时间较长不能停止，给他喝些温热的水来缓解。对于经常呃逆的孩子，最好在他安静或有明显饥饿时再喂奶，这样做可以减少哺乳期间呃逆的发生。

特别提示：观察体重的增长来判断宝宝喂养是否得当

从出生到3岁的孩子应当每月测量体重，若体重增加不理想，一定是出了问题。体重每个月有规律地增长是孩子健康发育的最重要标志。在儿童生长发育图上用点记录孩子体重，每月称体重后，连接这些点，得到一条线，从而观察孩子的生长。向上升的曲线说明孩子生长状况良好，平坦的曲线应警惕是否存在问题，向下的曲线则肯定是孩子出了问题。注意，这里说的是自己孩子体重的增长，而不是与其他孩子体重的比较。

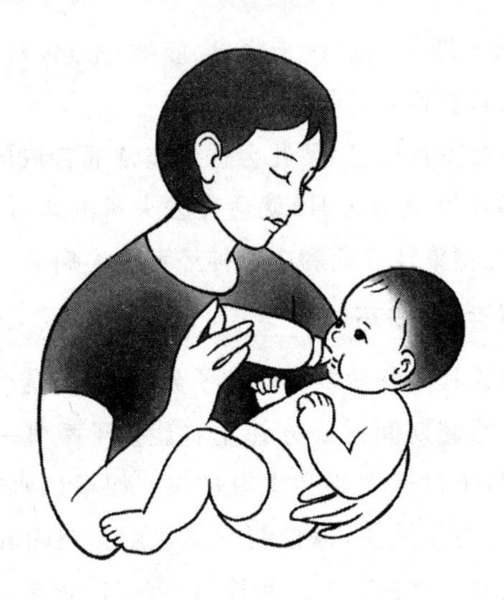

爱心门诊

一、常见问题

1. 3个月的宝宝可以添加辅食吗

不应该,因为过早添加辅食会影响婴儿对母乳的吸吮,使母乳分泌逐渐减少。过早添加辅食,因婴儿体内缺少消化谷类食物的淀粉酶,容易引起腹泻。添加其他食物后使来自母乳的抗感染因子减少,加之辅食不如母乳干净,增加了患腹泻等疾病的危险。同等量的稀薄食物与母乳相比其热量及营养素含量当然低,营养价值远远比不上母乳。

2. 吃配方奶的婴儿成长会落后吗

大约1/3的母亲不能为宝宝提供乳汁,而且随着婴儿成长,母亲还会出现奶水不足,因此配方奶粉是母乳之外主要的替代食物。母乳中60%以上的蛋白质成分是乳清蛋白,α-乳清蛋白又是其中最主要、最有价值的部分。目前配方奶粉蛋白质成分近似于母乳的成分,乳清蛋白的分离技术的应用以及胡萝卜素、纯植物来源AA和DHA的添加使配方奶粉的营养成分更趋合理。因此,选择

用配方奶粉喂哺婴儿的爸爸妈妈不必担心孩子的成长。

3. 母乳暂时缺少是怎么回事

一般来讲宝宝2个多月时，会有一个生理性的母乳暂时缺少现象，少则3天，多则一周左右，主要是孩子体重增长较快而母亲体内激素反应短暂性跟不上造成的。要注意切忌焦虑，焦虑是抑制母乳分泌的第一杀手。此外，妈妈缺乏睡眠会影响内分泌激素分泌，同时也助长焦虑情绪，此时惟一要做的就是平静自如，吃好，休息好。

4. 吸吮手指怎么办

在1岁以内的大多数宝宝都会吸吮手拇指，但是1岁以后仍吸吮拇指，尤其是夜间依赖吸吮手指才能入眠的话就应当引起家长的注意。平时应当多抱抱孩子，不要经常把孩子单独放在一边，而要让孩子在入睡之前抱一个布娃娃或者是做其他的活动来替代他吸吮手指，把这个条件联系切断。或是让孩子睡得稍迟些，最好放到床上就睡着，这样就避开了吸吮手指时间。千万不可采用强制的方式，这样往往会适得其反，起到了反复强化吸吮手指的作用。

5. 宝宝便秘，加蜂蜜是否可取

儿童的大便不好和成人不一样，成人很多大便不好是大便干结拉不出来，婴幼儿大便不好往往是肠蠕动不好，这种情况下我们更多的建议家长做一些物理方面的刺激，然后帮助宝宝排便。第一个可以做一些腹部的按摩，顺时针的按摩，要稍微用一些力推动宝宝肠子的运动。第二个用热毛巾敷敷宝宝的臀部，热敷可以刺激肠蠕动。第三个用一些棉签或者肛门表涂一些植物油在肛门口刺激一下。

年幼的儿童便秘往往是运动得太少，年长儿童纤维素吃得少，运动少或者是其他的原因所造成的。如果运动不够加强运动，对吃奶的宝宝在便秘期间可以在奶粉当中加适量的糖类，因为糖类是刺激肠蠕动的，当便秘现象解除之后，那么加糖就不必要了。宝宝尽可能不用开塞露，用多了宝宝会有依赖性，而且用多了宝宝会有疼痛感。

二、生理与营养学知识

1. 如何选择奶嘴

无论你使用的是哪一种奶嘴，都要检查开口的大小，使配方奶流出的速度适宜。理想的速度是，在你首次翻转奶瓶时，奶液以每秒一滴的速度流出（在几秒钟之后将停止）。或将奶瓶翻转时，有几滴乳汁流出，而后停止，则表明乳头开口大小合适。如果奶嘴开口太小，孩子会吸吮费力，这样会使宝宝吸入大量空气。而开口太大，奶水流出太快，会造成婴儿呛奶。

2. 乳头为什么皲裂

乳头被吸裂了，可能由于孩子和乳头的衔接姿势有问题，即宝宝的口腔离乳头稍远。因此一定要保证乳晕全部含在宝宝口中，你在喂奶时，要注意身子不要有意无意往后躲。皲裂的乳头不要抹任何其他药膏处理，只用涂母乳就能自愈。

3. 婴儿出生时就有成熟的味蕾吗

婴儿出生时，感觉系统已经相当完善了。味蕾在怀孕的最后 3 个月发育成熟。新生婴儿对甜、酸和苦味会产生反应，但对咸味却不那么敏感。母亲在怀孕期间摄取的食物会影响婴儿将来对食物的偏好和饮食习惯。所以应尽早让婴儿处于积极、有益的味觉环境中，但要避免生冷和刺激性食物。

4. 厌奶期是怎么回事

宝宝在 3 个月左右时会突然出现厌奶，如果此时除了不好好吃奶外，其他生理状况及成长都正常，那他可能正值“厌奶期”，这是宝宝常见的过渡现象。

厌奶并非病态，就如同大人长时间吃同一种食物会腻一样，因此千万不要强迫宝宝进食，否则宝宝惟一的抵抗就是闭紧嘴，如此只会让宝宝的厌奶期更长。父母亲不要太紧张，只要不强迫喂食，顺其自然即可渡过厌奶期。

大些的宝宝出现厌奶，可将食物，如米粉、麦粉调成糊，试着用汤匙喂食，也可尝试使用不同餐具，如改用汤匙来满足其好奇心。严格控制糖水、饮料和各

种可能影响吃奶的食物。若厌奶期过长，身高、体重比同月龄的宝宝低时，应请教营养师，改善营养状况。

三、1～3个月婴儿喂养及营养学评估

1. 体重增加及发育状况

在前3个月内，孩子将每天增重20克，每周体重增长150～210克，每月增长700～800克。一般来说，3～4个月时婴儿体重增长约为出生时的2倍(6.5千克)。身高平均每个月增长3.5厘米，3个月约增长10厘米(60厘米)。如果婴儿体重在两个月内没有好好增加，表明喂养或其他方面存在着一些问题，应及时找医生帮助。

2. 给孩子喂奶是否适量的评估

宝宝出生3个月了，作为母亲掌握好给孩子喂奶的时机与喂奶量是需要一段时间来学习和摸索的，比如吃奶持续的时间、吃奶后的反应、大小便的次数与性质等(表2-1)。

表2-1　给孩子喂得过多还是过少

喂得过多	喂得过少
配方奶每次喂奶量超过180毫升	喂养时间短于10分钟或不断停止吸吮
在喂奶以后呕吐出较多或所有奶液	每天不能尿湿4个尿布
大便松软、含水多，一天8次以上	大约3周时皮肤仍然皱缩，体重不长
体重增加迅速	在刚刚喂奶后就寻找东西吸吮

第三章　不可逾越的泥糊状食物

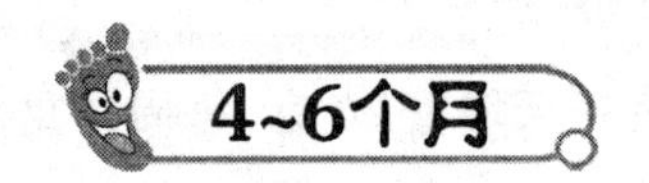

4~6个月

开头语：

婴儿在出生4～6个月以后，随着婴儿月龄的增大，体重的增加，母乳的量及其中所含的营养素就显得不够了。因此，应及时、合理添加母乳以外的食物来满足宝宝营养需要，逐步从单纯的母乳喂养，过渡到泥糊状食物。

辅食的需要量从少量开始，逐步增加数量和食物品种，在添加辅食的同时，仍应多次的母乳喂养。

——辅食添加10原则之三(WHO/UNICEF,2002)

喂养参考标准：

母乳或配方奶，600～900毫升/日，每隔3～4小时1次，每次喂110～200毫升。

辅食：强化米粉1～2汤匙，后渐加至4汤匙；菜汁、菜泥1～2汤匙，蛋黄泥1/4～1/2个，鱼肝油400国际单位。

指南

一、辅食添加——重要的里程碑

1. 过早添加辅食的潜在危害

在6个月之前，除非有儿科医生的劝告，不必过早给孩子添加辅食，因为母乳或配方奶完全能提供孩子生长所需全部的营养。不必过早给孩子添加辅食的原因还包括：宝宝身体和口腔的发育还不能用勺子来吃泥糊状食物；过早添加辅食能增加产生食物过敏的机会；过早添加辅食会导致过度喂养和超重。

2. 添加辅食初期不能减少奶的摄入量

开始添加辅食并不意味着应当减少奶量，在保证母乳喂养或配方奶喂养充足的基础上添加辅食，这是在开始添加辅食时一定要注意的。4～6个月这一阶段理想喂养方式仍然是继续纯母乳喂养，在确信你的宝宝已经具备吃泥糊状食物的能力之前，不要过于着急给你的宝宝喂泥糊食物。一些宝宝可能还不具备这种能力，直到6个月时才准备好。注意观察寻找一些迹象，它可能会告诉你宝宝已经准备就绪可以开始试试喂一些辅食了。

3. 辅食添加应满足的条件

辅食添加应满足充足的热能、蛋白质与营养素的需要。同时还要做到容易家庭制作，清洁安全，儿童喜欢，易于接受，适合当地食品资源要求，并尽可能多应用强化食品。4～6个月的婴儿唾液分泌量开始增加，唾液内的淀粉酶也随之增加，此时正适合添加辅食。总之，辅食添加应同时满足辅食添加的数量和辅食营养质量两个方面的要求。

4. 6个月后添加辅食的作用

添加辅食首先是为了补充母乳中的营养素不足，随着婴儿的生长发育对营养素需要量的增加，6个月后仅靠母乳或配方奶不能供给这么多的能量和营养素。其次，添加辅食可增加婴幼儿唾液及其他消化液的分泌量，增强消化酶的

活性和促进牙齿的发育。再有,通过食物的选择及合理的喂养可确立婴幼儿良好的饮食习惯。此外,及时添加辅食将有助于儿童心理发育,刺激味觉、嗅觉、触觉和视觉的健康发展。

5. 添加辅食的原则

辅食添加要根据婴儿的营养需要和消化道的成熟程度,按一定顺序进行。开始添加的食品可先每天一次,每次一种,每次一小勺,3～5 天或一周适应以后再逐渐增加新的食物、喂养次数和量。食物应从稀到稠,从流质开始,逐渐过渡到泥糊状食物,最后过渡到喂固体食物阶段。每添加一种新的食物应注意观察婴幼儿的反应,当婴儿不愿吃某种新食品时,切勿强迫,多采取一些灵活方式。以上仅仅是几项简单的原则,以后还需要不断的观察与学习,比如每次的理想的食物应该是什么? 大概应当是多少量? 能够让孩子自己抓着吃吗?

二、宝宝添加的第一种食物

1. 第一种泥糊状食物通常是谷类

宝宝的第一种食物通常是谷类,因为米粉或米汁一般比小麦粉引起婴儿肠胃过敏反应的机会要少些,所以应选择单一品种的婴儿米粉喂养 4～6 个月以后的宝宝,适应阶段一般为一周。目前市售婴儿(强化铁)米粉是一种理想的婴儿食物。然后就可以开始吃菜泥了,先喂半汤匙单一种类的菜泥。要在宝宝饥饿时喂他吃新食物,但不要强迫他把碗里的东西完全吃净。对于生长速度过快的胖宝宝来说,菜泥无疑是最先的选择。

2. 辅食在吃奶前还是吃奶后添加

在母乳喂养之前喂辅食，有利于宝宝对辅食的接受。因为在母乳喂养之前，孩子处于饥饿状态，那时让他尝辅食的味道，比较容易接受。一般应根据孩子的具体情况自由选择，如果为了让孩子尽量多吃些母乳，可在母乳喂养后再给他吃辅食，这样可以使母乳或配方奶的摄入得到保障。

特别提示：辅食必须在两次喂奶中间添吗

大多数教科书介绍，辅食应当在两次喂奶中间添加，但这样一来，有的宝宝对下一次的母乳喂养不感兴趣或吃奶量明显减少。因此，在辅食添加初期，可以在吃完母乳或配方奶后紧接着喂几勺米糊作为一次辅食，不论采用哪种方式，都以不影响孩子这一阶段的吃奶量为前提。应当以有利于孩子的营养摄入和接受情况来决定。

3. 耐心喂好第一次泥糊状食物

先将少量的泥状食品准备好，然后帮助宝宝坐稳以便喂食。此时宝宝大多仍偏爱乳汁，所以一开始可以先喂他一侧乳房的乳汁或半瓶配方奶，然后喂他1～2茶匙的泥糊。最好由中餐开始，此时宝宝没有那么饿而且精神好，会比较合作些。当他吃了少量泥糊状食品后，可再喂剩余的牛奶或母乳。当宝宝食用了比较多的泥糊食品时，他会需要一些水、牛奶或母乳止渴。

4. 开始辅食量只用一、两汤匙

一般小婴儿的胃容量只有几十毫升，第一次辅食添加不要要求孩子吃得很多。在孩子吃完母乳后，可能只能吃下几十克泥糊状食物，少时可能只有十几克，实际上婴儿每日需要的食物并不很多。4～6个月大的婴儿每次差不多只要吃15～30毫升的泥糊类食品（一、两汤匙）。每次喂水或稀释的果汁的量为15毫升为宜，一天总量以不影响吃奶为原则。很多父母总是以自己的感觉来衡量孩子，认为只吃一两小勺太少了，但对于孩子来说，已经够了。

5. 为什么第一次辅食不应是蛋黄

鸡蛋黄或其他禽类的蛋黄不是最理想的早期辅食，主要原因是蛋黄不如米

粉好消化，小婴儿胃肠道不容易适应这种食物。宝宝比较早吃了蛋黄后往往大便会有明显变化，皮肤会出现小皮疹，吃奶和其他食物都不如原来了。此外，蛋黄的营养价值也不确定，比如铁的含量虽然比较高，但吸收和生物利用并不理想。尤其宝宝有湿疹或爱患呼吸道或消化道疾病时，蛋黄应当在8个月或更迟些时候再添加。

6. 西方国家最青睐的婴儿辅食

西方国家大多家庭给婴儿添加辅食的顺序与我国有所不同，香蕉泥通常是他们给婴儿的首选辅食，因为婴儿比较喜欢吃。然后可添加绞肉机绞出的嫩肉糜，可以看出，6个月时，婴儿首选的食物就包括动物性的食物肉类，这一点与我国大多家庭的认识完全不同。与此同时，逐渐增加柑橘类水果、小麦、玉米。每次添加一种新的食物，一周后再换另一种从未尝过的食物。最后添加鸡蛋。如果有家族性过敏史，过敏性食物包括牛奶、鸡蛋，尤其是蛋清、鱼虾等的选择格外谨慎。

7. 过量食用胡萝卜、南瓜会使宝宝皮肤黄染

有部分蔬菜，例如胡萝卜、芒果、南瓜等，含有丰富的维生素A，因为维生素A属于脂溶性，食入后会囤积于体内，这些食物的色素呈黄色，而使得宝宝的皮肤黄，如果发生，家长也不必惊慌，只要减少食用量或暂时停止食用，黄染过一段时间后就会退掉。建议，胡萝卜、芒果、南瓜不应该让宝宝吃得太多，适量就好。

三、开始添加辅食的疑问

1. 6个月开始添加辅食比4个月好

一般的书上介绍从4～6个月开始添加辅食，但到底是4个月还是6个月开始？你可根据下列情况自己判断：与一个月前相比，孩子明显比往常更感到饥饿，或者对大人的饭菜很感兴趣。如果母乳喂养婴儿每次吃完双乳的奶，还想要再吃，或是奶瓶喂养的婴儿每天吃完奶粉后还要吃，说明他可以开始添加辅食了。相反，宝宝对吃奶很依恋，而且体重增长正常，如果此时家庭还未做好添加辅食的准备，最好到6个月时再加辅食。近年来世界卫生组织强调6个月

开始添加辅食这一时间表，其意义无非是希望不要因为过早添加各种辅食而影响到母乳这一天然食物的近期与远期营养价值。

2. 想吃辅食时有哪些征兆

宝宝想吃辅食时他会有所表示，你发现他既没有病，也没有长牙的现象，但连续几天哭闹。可能是你的乳汁供应不足或他虽获得了足够的乳汁，但仍然饥饿。当其他人吃饭时，他对饭桌上的饭菜十分感兴趣，宝宝能自己坐稳，自己会用手抓取食物，并能放入口中。给宝宝尝试喂食物时，挺舌反射消失，这样的话，婴儿不再将食物推出口外。如果连续一段时间，母乳喂养婴儿的体重不能增加时，这些迹象都说明应该开始添加辅食了。在这一阶段，有时孩子爱哭闹，夜间睡眠不踏实，就应当想到孩子是否白天没有吃饱，孩子是否需要试着加些辅食了。

3. 为什么在此阶段开始添加辅食

尽管一些婴儿早在3～4个月时就已经为泥糊状食物做好准备，但大多数孩子舌头的挺舌反射还没有消失，因为这种反射，多数婴儿会将送入他们口中的任何东西吐出来，当然也包括食物。在6个月时多数婴儿的这种反射消失，在这个阶段，有的孩子对能量的需要也增加，如果单纯依靠吃奶，按能量需要，每日奶量应在1 000毫升以上，此时宝宝胃的容量已无法达到。因此，这一阶段正是通过不同成分的泥糊状食物增加热量供应的理想时间。

4. 辅食添加后大便的变化

添加辅食后，若婴儿的大便次数及形态均无变化，保持原黄色软便，说明婴儿较好地接受了所添加的辅食。有时大便明显变稀，甚至成绿色，都说明辅食添加过快或有些辅食婴儿目前尚不能完全接受。如果大便的次数突然增多，在尿布上发现较多没有消化的食物或大便干燥，这时你应该减慢添加辅食的进度或等几周后再试一试。

5. 怎么做才能让宝宝愿意吃辅食

母乳喂养的宝宝转为配方奶和添加辅食都需要一个适应过程，而适应过程因人而异，与宝宝的气质类型有关，有快有慢，而喂养方法和大人的情绪也有一

定的影响。重要的是要有信心、耐心和爱心，不可强迫喂食，强喂会让宝宝感到压力，最终产生对进食反感和逆反情绪。但也不可因宝宝不吃就迁就不再喂，可尝试让宝宝和大人一起吃饭，耐心鼓励宝宝进食的兴趣，减少对母乳过分依赖，相信宝宝总会接受的。

一、常见问题

1. 宝宝夜间是否需要再喂奶

如果孩子白天吃得饱，体重增长正常，夜间根本不需要再喂奶。有时尽管让他哭闹而不去理他，几分钟以后大多能再次入眠，不久宝宝就会适应这种做法。有时可在晚间临睡之前让他吃奶多一些，以弥补夜间吃奶的不足。当然，如果你的孩子生长缓慢，或者有消化不良，那么在你们睡觉之前还是夜间都应该坚持给他喂奶，而且应该多坚持一段时间。这样的孩子即便能够一觉睡到天亮，你也可在夜间喂1～2次母乳或配方奶，支持的理由就是无论如何不能让孩子饿着，不能让孩子的生长出现问题。

2. 母亲上班后如何安排给孩子的喂奶时间

早上在你起床穿衣服之前，给孩子喂一次奶，这样孩子一早就很开心。在出门之前，再给孩子喂一次奶。工作时让照料者给婴儿喂奶粉，中午或晚上一回到家，应找个舒适的椅子坐下，先让孩子吃奶，这还可以增进你和孩子之间的亲密感。在做家务的中间，可以抽20分钟时间给孩子喂奶。在晚上和夜里，喂奶的次数要更多。这样虽然妈妈已经上班，但仍然使孩子得到充足的母乳。在不工作的日子(周末或节日)，可以正常给孩子喂奶。

3. 吃米粉没有必要换来换去

现在的家长无微不至地去想着法子让宝宝接受一种新的东西，实际上越调口味宝宝越是害怕。因为宝宝凡是吃新的东西都有害怕的心理，所以天天换花样，天天害怕，然后天天拒绝。宝宝要学会吃一样新的口味的东西，起码要练习10到20次这样的次数，所以没有必要换来换去。只吃同一种也不会引起偏食

问题，随着年龄的增长食谱会越来越广，除了吃米粉还会品尝其他食物。

4. 一哭就抱，一哭就吃

宝宝5个月时睡眠的节律仍在形成的过程中，宝宝可能在浅睡眠的时候肢体有些动作，也可以发出一些哭声，父母不必紧张。到了七八个月的时候不希望一哭就抱，一哭就吃。如果宝宝闭着眼睛哭，可能是在睡眠过程当中的行为表现，并不是已经醒了，可以拍拍他让他安静下来，抱他反而是一种干扰。宝宝自己有一个生理的调节现象，应该从浅睡眠帮助他回到深睡眠状态。

5. 在迷迷糊糊快睡着时喂奶好吗

一些专业人员反对宝宝是闭着眼睛睡着吃奶，因为在睡眠的时候唾液腺的分泌相对减少，吃下的奶不易消化，这个时候喂奶还有可能容易形成蛀牙，因此希望要吃奶就是清醒状态下吃奶，而不是闭着眼睛瞎吃。

吃奶的时间可以选择在孩子比较兴奋或是有饥饿表现时去喂，寻找并尽可能去除可能影响孩子吃奶的不利因素，比如吃奶前喝水太多，吃奶时周围的环境太嘈杂，或是妈妈身上还有一定气味等。

6. 不爱运动的孩子会影响吃饭

4～6个月的宝宝如果每顿吃奶的量比较少，而且间隔的时间比较长，这里往往有一个很容易忽略的问题，就是宝宝运动太少。一些家长对4～6个月的孩子整天抱在怀里，抱在怀里吃，抱在怀里玩，抱在怀里睡，宝宝的整个生活的空间就在妈妈的怀里。在这种情况下，宝宝不动或动得很少，所以就根本没有胃口去进食。针对这样一种现象，要加强运动，动了才能知道饿，饿了才会吃得多，再小的宝宝也需要适当的运动，比如抬头、翻身、四肢的拉伸等。

二、生理与营养知识

1. 添加辅食与宝宝语言能力的发育

给宝宝喂食各种辅食，颜色鲜艳、味道香美，宝宝通过看、听、闻、摸、尝和嗅的训练刺激大脑，也促进了智力与语言的发育。我们时常见到有些孩子口齿不

清,其最常见的原因是咬舌,很多小宝宝在开始学话时都是如此。添加半固体或固体辅食除可以建立宝宝食用固体食物的能力外,同时还可以促进口腔动作的协调性,有利于吐字、发音动作的发育。孩子6个月之后,婴儿正处在语言能力启蒙期,父母在给宝宝喂食各种辅食时,围绕着辅食的话题很多,也正是训练和语言交流的最好时机。

2. 母乳喂养的婴儿在4～6个月后小心铁缺乏

婴儿出生后4～6个月时体内的铁储存逐渐被消耗尽,因此婴儿在4～6个月时需要补充铁。铁元素是大脑发育关键的营养矿物质,人体需要铁元素形成红细胞来把人体内的氧气运输到身体的各个组织。补充铁首先应在医生指导下增加瘦肉、肝脏和绿色蔬菜等食物,配方奶喂养的应首选强化铁奶粉,以保证为生长发育提供充足的铁。

3. 在未萌牙之前就应保护牙齿

爸妈可以帮助宝宝在长牙之前保护好他的口腔,从而让宝宝始终保持一张漂亮的笑脸。即使宝宝在未长出牙齿之前,保护好宝宝的牙齿同样是十分重要的,只有健康的乳齿才能保证将来有健康的恒牙。在你尚未看到宝宝的牙齿长出之前,它就需要你的精心护理,每天都要清洁宝宝的口腔,用柔软干净的湿布轻轻擦拭齿龈,去除齿龈表面的脏东西,保持口腔的清洁。

三、食谱及制作方法

1. 蔬菜米糊

原料:胡萝卜1勺(15克),小白菜1勺,小油菜1勺,婴儿米粉2大勺。

制作方法:将所有准备的青菜洗净,切成细碎末;将青菜放入沸水中,约2分钟熄火。待水稍凉后,将青菜滤出,并留下菜汤;将菜汤加入婴儿米粉中即可。

2. 蔬菜鱼肉粥

原料:鱼白肉30克,胡萝卜1/5个,海带清汤1/2杯,白萝卜1/2个,米粉1/2碗。

制作方法：将鱼骨剔净，鱼肉炖熟并捣碎；将胡萝卜用擦菜板擦好。将米粉、海带清汤及鱼肉、蔬菜等倒入锅内同煮至黏稠。

3. 胡萝卜泥

原料：研碎的胡萝卜末2勺，苹果半个，果汁半勺。

制作方法：将洗干净的胡萝卜和苹果去皮和子后研碎；把果汁、胡萝卜末和苹果末混合调匀放入锅内上火煮，煮成糊即可食用。

4. 鱼泥

原料：鲜鱼肉50克，香油适量。

制作方法：将洗净的鲜鱼肉放入碗内，加适量水，隔水蒸熟，去净鱼刺后，将鱼肉搅烂成泥状；加少许香油，调匀后即可食用，也可加在米糊中搅匀食用。

四、4～6个月婴儿喂养及营养学评估

1. 体重增长

生后头半年能否达到每月平均增长600～700克。没有什么指标能比体重的增长情况更直接、更简单明了地评估宝宝的生长状况，理想的体重增长是宝宝生长良好的前提。

半岁内体重增长公式为：6个月以内体重≈月龄×0.6＋出生体重(千克)。

2. 4～6个月婴儿喂养评估

评估内容、评估结果见表3-1。

表3-1 4～6个月婴儿喂养评估

分类	评估内容	评估结果		
		差	中	优
母乳或配方奶	次数或量	乳量少于600毫升	3次或600～800毫升	800毫升以上
辅食	次数	2次以上/日	1～2次/日	未添加

第四章　从泥糊状食物到“软块状”食物

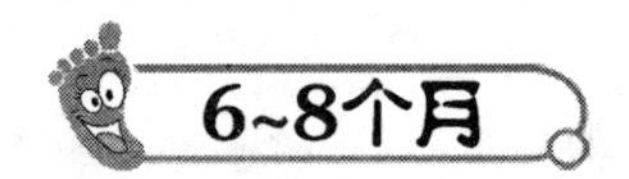

开头语:

由于婴儿胃的容量很小,如果辅食的全部内容就是稀粥或是面汤等食物,这类粮食很容易使婴儿产生饱感,这样宝宝从其他食物所摄取的蛋白质及各种微营养素就不能满足生长的需要。

6～8月健康婴儿每日喂辅食2～3次,食物应多样化和适当的稠度、硬度以保证营养需求得到满足。注意婴儿饥饿的信号,体重增加是估计喂养是否得到满足的重要指标。

——辅食添加10原则之四(WHO/UNICEF,2002)

喂养参考标准:

母乳或配方奶,600～800毫升/日,每日3～4次,每次喂150～240毫升,其中1～2次母乳逐步用配方奶代替。辅食:每日2～3次,烂米粥、面片汤(不能太稀软)加入菜泥、碎菜等,50克/次。蛋黄泥1/2或1个,鱼泥、瘦肉末与米粉、米粥或面片汤一起食用,10～20克/次。馒头干、饼干、水果等,让婴儿自己啃着吃,以便锻炼婴儿的咀嚼能力,帮助牙齿的生长。鱼肝油400国际单位。

指南

一、6～8个月婴儿食物不能过于单一

1. 辅食的多样化

6～8个月婴儿辅食的制作应做到多样化以保证营养需求得到满足，选择各种谷类食物，维生素A含量丰富的水果、蔬菜，并应提供脂肪含量丰富的膳食。逐步做到每日都应有肉、禽、鱼和蛋，或尽可能满足。限制果汁的摄入量以防止营养丰富食物的摄入量减少。不饮用营养价值低的饮料，如茶水、咖啡、可乐等。为保证孩子基本营养成分，辅食制作应由乳制品、谷类、蔬菜水果和肉、鱼、禽、蛋等几大类食物组成。

2. 蔬菜水果不是辅食的主要部分

实践表明，除非使用营养素补充或强化饮食，在此年龄段单一蔬菜饮食不能满足宝宝营养的需求。蔬菜水果的营养特点是蛋白质含量少，脂肪含量更是微乎其微，仅在根茎类蔬菜中含量较多碳水化合物。水果中糖类以果糖为主，不能提供足够热量和蛋白质。如果一天吃300克蔬菜和水果，能提供60～100千卡的热量，不足婴幼儿所需量的10%～15%，蛋白质仅为所需量的15%。可以看出，蔬菜水果不能作为主食，蔬菜水果也不是越多越好。

3. 不能长时间停留在太细太软的辅食阶段

泥糊状食物是从液体到固体之间的过渡食物，泥糊状食物适应宝宝消化器官的能力发展，是一个不可逾越的阶段。泥糊状食物扩大了婴儿触觉与味觉的范围，在这一阶段孩子经历“磨牙食品”的早期刺激，由吮吸过渡到咀嚼。6～8个月，如果孩子食物从泥糊状过渡到“碎块状”，即比较粗糙的小碎块食物，这种食物不仅能量和营养素的含量会高于泥糊状食品，还会明显促进宝宝吃饭的能力，这应当是一个主动积极尝试的过程，它会为孩子以后学会吃大人饭菜打下良好基础。

4. 不要将食物加到奶瓶中

将泥糊状食物放入奶瓶中会妨碍孩子咀嚼和吞咽能力的发展，而且常常会增加婴儿的饭量，导致体重过重和婴儿龋齿的发生。能加入到婴儿奶瓶中的泥糊状食物一般比较稀薄，营养密度（肉、菜的量）都不够。用奶瓶喂养会导致宝宝长时间吸吮动作的发展，并养成过分依恋大人的习性，因此用奶瓶喂泥糊状食物或者大人用嘴嚼烂食物再喂入孩子嘴中都是错误的做法。

特别提示：奶瓶只能用来喂奶或水

在任何年龄阶段，奶瓶只能用来喂奶或水，不能喂食物，因为奶瓶喂养会妨碍孩子咀嚼和吞咽能力的发展，还会过度喂养，导致体重过重和发生龋齿，而且奶瓶不容易清洗干净，可能会引起腹泻。

二、使用杯子和勺子是学习吃饭的必需过程

1. 开始训练用杯子喝水

宝宝6～8个月大即可开始训练他用杯子喝水，用杯子和小勺替代奶瓶。有吸嘴的杯子最适合宝宝半吸半喝，柔软的吸嘴非常容易使用。当宝宝逐渐成长，他可能会比较喜欢带有两个握把的杯子，因为这样比较容易抓握。有倾斜吸嘴的杯子最适合不过了，因为只要稍做倾斜，液体就可以慢慢流出。要让孩子斜躺在妈妈怀里训练他用杯子喝水，或者由你抱着他，或者让他坐在一张婴儿椅中，要让孩子和大人的姿势感到舒适为宜，但不可让孩子躺着用杯子喝水。

2. 用茶匙给孩子喂固体食物

此前不论母乳或配方奶喂养，婴儿都只会做吸吮动作，不会上下张口咀嚼。当添加糊状食品，婴儿接触到半固体食物时，会试用唇的上下动作吃食物。当食物由唇进入口中时，开始会运用舌头的动作，最后在牙龈的动作下进食。用

茶匙喂婴儿可锻炼嘴和舌的协调能力。喂食时将宝宝直立抱起，取一些泥湖状的食品，放在小勺的尖端，把小勺送到孩子的唇边让他吸吮，然后宝宝会学习如何用嘴巴的后部去吞咽食物。不要把小勺全放入孩子的嘴中，这样他会出现恶心，甚至把嘴里的食物全吐出来。

3. 变成小花脸的宝宝

你可以将谷物与孩子熟悉味道的奶汁混合，让孩子看着并了解进餐的过程，这样孩子更容易吃。如果你仍在给孩子喂奶粉，可把谷类与奶粉拌在一起，用碗和勺喂。孩子对于从未接触的食物会本能的拒绝，只要你耐心坚持，7～8次甚至十来次后，他会好起来，大约需要1个月的时间来习惯汤匙喂食。最初喂宝宝时，吐出来的食物可能比吃进去还多，故常把脸弄得像小花猫一般，不要灰心，几个月之后这种情况就会渐渐消失了。

三、逐步增加辅食的浓度和品种

食物从少量开始，逐步增加辅食的浓度和品种，以适应营养的需要和吃饭能力的发展。完成从吃奶向吃饭、吃固体食物的转变，对婴儿早期的发育和整个儿童时期的营养状况意义重大。

1. 口腔动作发展的关键期

在口腔中完成碾碎固体食物并吞咽的连贯动作对于宝宝来说至关重要，因为这是整个消化系统完善和成熟的第一步。此外，咀嚼也会让宝宝对于食物的不同滋味有所感知，还能促进唾液的分泌。这些口腔内部的小变化，既可促进

消化与吸收，并可激活脑神经的发育。要知道，宝宝在这一时期用口唇、舌头就可以捻碎大多数固体食物，甚至包括柔软的鱼、禽肉类和各种肉末等。有的家庭喜欢把孩子的各种食物都用粉碎机打碎再喂孩子，认为这样安全，其实这种做法不可取。

特别提示：理想的"粗饲料"

此阶段宝宝的食物不宜过于细致，应包含或尽量包含鱼、禽肉类、各种瘦肉和动物肝脏。因为这些动物性食物与其他植物性食物相比不仅蛋白质的质量有所不同，而且铁、锌、硒和维生素A、维生素D等的含量及其生物利用度差别也很大。它们可以有效地预防婴幼儿时期常见的微营养素缺乏症，例如佝偻病和缺铁性贫血的发生。所谓的"粗饲料"是指辅食的种类可以杂一些，食物的颗粒要比原来粗一些。不要以牙齿还未发育成熟为由只给孩子选择过分稀薄和柔软的食物。恰恰相反，半固体或固体食物的刺激会促进牙齿的萌出和发育。

2. 太细太软食物的质量达不到需求

6～8个月的婴儿，孩子的食谱应扩展到包括面包、蔬菜块和一些动物性食物。与那些太细太软的食品相比这些食物更耐咀嚼，这些食物一般由于含水分少，因此热量和营养价值都高于太细太软的谷类食物。动物性食物与其他食物相比不仅蛋白质的质量有所不同，而且铁、锌、硒和维生素A、维生素D等的含量及其生物利用度差别也很大(表4-1)。

3. 成人用谷物不适合于婴儿食用

市场上专门供婴儿食用的婴儿谷物是一种强化食品，它在原有营养组成的基础上添加了婴儿易吸收的铁、钙、磷、维生素B_1、维生素B_2等。选择婴儿专门的谷物食品首选的是大米，其次，可选用大麦或燕麦，确信孩子不会过敏后，可以将几种谷物混合给孩子食用。不要选用市场上普通含糖型谷类，加糖会使孩子养成喜欢吃甜食的习惯，也不要去买罐装的成人食品。普通家庭谷物的营养组成不适于婴儿，一些成人谷物过于黏稠和粗糙，婴儿食用易堵住喉咙，也不宜选用。

表 4-1　4～8个月婴儿喂食的次数与数量

项　目	4～6个月	7个月	8个月
母乳或配方奶	每日6～8次或每日800～900毫升	每日4～6次或每日700～800毫升	每日3～4次或每日600～700毫升
强化铁婴儿谷物（干）	逐渐从1到3再到5汤勺单种谷物，用配方奶调制	5～7汤勺单种谷物，用配方奶或水调制	8～10汤勺单种谷物，用水调制，不宜稀薄
水果	1～2汤勺，每日1～2次，糊状	2～3汤勺，每日2次，糊状或切成片咬嚼	1～2汤勺，每日2次，固体或切成片咬嚼
蔬菜	1～2汤勺，每日1～2次，糊状	2～3汤勺，每日2次，糊状	3～4汤勺，每日2次，碎块状
肉和蛋白食物		1～2汤勺，每日2次，家庭制作，泥糊状	1～2汤勺，每日2次，家庭制作，碎块状
果汁、维生素C强化		60～100毫升（用杯）	100～120毫升（用杯）
零食		饼干、面包	饼干、面包、香蕉、橘子
发展	第一个谷类食物制成汤，慢慢过渡到浓和稠食物	配方奶减少，半固体食物逐渐增加	开始“手指抓取食物”，使用勺和杯（碗）

四、动物性食物营养价值不可低估

瘦肉、肝脏等食物铁、锌等营养素含量及其生物利用度比谷类、蔬菜水果类植物性食物要高出十几倍。

1. 植物性食物铁、锌等含量及其生物利用度低

植物性食物在蛋白质的质量上与动物性食物有很大区别，婴幼儿食物蛋白质的来源起码有一半以上应来自动物蛋白质。此外，在各种营养素的摄入及其生物利用上也有着本质的区别。虽然植物性食物中也含有较多的铁、锌和一些维生素，但由于植物性食品含有较多的磷、植酸、草酸、纤维素等，它们和铁、锌、

钙结合形成难溶的复合物,使其吸收及生物利用大为减少。

特别提示:菠菜能补铁吗

虽然菠菜中含一定量的铁、锌等微量元素,但含量并不丰富,同时因含有丰富的草酸等有机酸,它与铁、锌相遇并结合,形成不溶的有机物,因此所含的铁、锌等几乎不能被吸收。但菠菜的其他营养价值还是比较高的。

2. 让“杂食小动物”及时品尝肉泥

6个月以上的宝贝开始显露出“杂食小动物”的本性,如果在食谱中逐步加入制作成泥状的鸡肉、鱼肉、鸡肝、虾肉、猪肉等动物性食品,会使宝宝的食物种类大大改观。鱼肉泥、鸡肉泥的纤维细,蛋白质含量高,特别是鱼肉含有较多不饱和脂肪、铁和钙,适时添加肉类,不论从营养上还是口味上都能带给宝贝全新的感觉。当宝宝适应了蔬菜、水果和各种谷物类辅食后就可以尝试让孩子吃肉泥了。由于每次的需要量很少,再加上制作的细腻,一般不会引起孩子的胃肠功能不适。

3. 动物性食物是补充铁、锌的最佳途径

食物中铁的存在方式主要有两种形式,谷物和其他植物来源食物所含的铁称为非血红素铁,其铁的吸收率仅1%~3%。而肉类食品中铁是以血红素的形式存在,其吸收与非血红素铁的吸收形式不同,它可被肠黏膜细胞直接吸收,其吸收率为10%~20%,是非血红素铁的几倍乃至数十倍,其生物利用也相差十余倍。如果一个孩子都7、8个月了还从未吃过一点肉泥和肝泥,这些孩子体内铁、锌、硒元素和一些维生素的含量无疑会很低。

4. 鱼肉泥营养价值高,消化吸收好

从营养学角度看,鱼类营养价值高,容易消化吸收,好像是专为婴幼儿准备的食品。鱼肉的肌纤维比较纤细,组织蛋白质的结构松软,水分含量较多,肉质细嫩,海鱼中的碘含量也很高,比其他动物性食物更适合儿童食用。鱼类脂肪含量与组成和畜肉明显不同,不但含量低,且多为不饱和脂肪酸,因此熔点低,消化吸收率可达95%以上。鱼类蛋白质的氨基酸组成与人体组织蛋白质的组

成相似，属优质蛋白，因此生理价值较高。如果出现过敏，可稍微停一段时间再试着吃，不要因此放弃了这一婴幼儿膳食中的上品。在选择鱼类食品时，应当注意近年来近海鱼的污染状况和养殖鱼的饲料添加剂的安全性。

五、喂养时的心理关注

喂养时的心理关注包括直接喂养婴儿、帮助年长儿童进食，对儿童饥饿和满足的暗示及时做出反应，缓慢而且有耐心的喂养、鼓励孩子进食等。

1. 喂养行为不当的主要表现

一般家庭对孩子喂养的态度包括民主型、控制型、放任型三大类。一项调查结果表明，有超过25%的家长强迫孩子进食，超过50%的家庭在吃饭的时候缺乏一个良好的环境，其中以看电视的居多。父母强迫孩子进食，或千方百计哄孩子进食，强迫、哄骗、催逼孩子快速进食，不分时间、场合地鼓励孩子进食，这些喂养行为都会干扰孩子自身的调节系统，从而对吃饭产生厌恶、不知饥饱等，甚至在饭桌上形成任性、不听话的性格。

2. 不要强迫吃完盘子中的所有食物

父母当然乐意宝宝定时进食，但他必须少量多餐，切记宝宝的胃还不能撑下太多东西，不要强迫他吃完每餐。宝宝进食的量与时间应具弹性，如果强求宝宝在规定时间内完成进食，那便会变成一场混战。当宝宝在一段特别能吃的过程之后，往往会出现食欲下降，喂养起来不如以前顺利。按道理，此时就应让宝宝的胃肠道负担暂时休息一下。如果家长一味强求，那就只能适得其反。

3. 用嘴来认识事物

嘴也是婴儿认识世界的“器官”，不仅仅吃东西用嘴，认识事物也用嘴，用他的嘴来感受东西的质地、味道、形状。这一阶段宝宝手的拿取动作发育愈加成熟，东西往嘴里送这条“通路”也已形成，所以宝宝一拿到东西就会往嘴里送，这很自然。随着月龄慢慢地长大，他就会用眼协调来认识事物、了解事物的特性了，他会摆弄东西，构建脑子里想象的形象，会用语言来了解事物，表达自己的

认识，就不再用嘴了。在这一阶段，我们所能做到的就是经常保持宝宝可能抓取到的物品的清洁和安全。

4. 言教不如身教

教给孩子吃饭，除了各种指令外，身教显得更为重要。小孩子的模仿能力极强，如果大人们本身的饮食习惯不正常，或者常常随便以零食充饥，自然没有理由去要求孩子遵守定时吃饭习惯。孩子要有固定的吃饭时间，固定的吃饭位置，尽量做到全家人一同在餐桌上用餐，鼓励孩子自己动手吃饭。改善孩子就餐氛围，也可替孩子买一些颜色明快的餐具，孩子都喜欢拥有属于自己独有的东西，这样可提高孩子用餐的欲望。

5. 宝宝吃饭需要后天学习

孩子吃奶是天生会的，吃饭是通过后天学习获得的，这里必须经过一个比较好过渡阶段，4 到 6 个月是宝宝添加辅食的关键时期，这个时期宝宝开始学习吃饭，并不断尝试新鲜食物。7～8 个月的时候要添加一些固体食物(用手指抓取的食物)，因在此之前，宝宝口腔只耐受液体状或糊状的食品，现在需要进行过渡，从液体状的食品转到半固体的东西，然后再逐步地转换到固体食物。因此，7～8 个月所添加的辅食质地从细到粗发生重要转折，如果没有做好这个准备的话，宝宝还是只依赖于各种流质食物，就会出现吃饭技能方面的困难(表 4-2)。

表 4-2　不同月龄婴儿食物质地的选择

月　龄	质　地	食物选择
4～6 个月	糊　状	强化米粉、蔬菜糊或水果糊
6～7 个月	半固态	煮熟或罐装食物、米粥、菜泥、肉泥
7～9 个月	固体、剁烂	强化面包、烤面包片、菜末、肉末
9～12 个月	固体、切碎	谷类食物、面包棒、饼干，片或块状蔬菜水果(剥去皮，避免噎住)，碎菜、肉

六、断奶的过渡与准备

断奶需要一个过渡时期，父母和其他家长一定要有充分的思想准备。在这时期内逐步用一种非母乳的半流体或固体的食物来供给婴儿的营养需要，到最后全部代替母乳。在这一过程中配方奶往往会起到中间桥梁的作用。

1. 断奶过渡阶段的准备

母乳或配方奶始终是1岁以内孩子的主食，甚至在2岁之内奶类仍然是每日膳食的主要部分。断奶也应当建立在这个基础上，因此不建议妈妈过早给孩子断掉母乳。断奶的准备包括在断奶时期母乳喂养次数的逐渐减少，逐步添加配方奶，添加辅食。你可以每天给孩子喂一两次母乳，只要把这些方面都准备好了，断奶并不困难。如果断奶的准备不充分而得不到适合的断奶食物，对宝宝的生长发育就很不利。通常反映为生长迟缓，体质和智力的发展受阻碍，易患病及出现各种营养缺乏症等。

特别提示：学习吃饭阶段不能过分依赖母乳

有的孩子快1岁了还什么都不吃，只愿吃妈妈的奶水，这是因为妈妈没有给他预先做好断奶过渡的准备，使得婴儿较长时期只吃母奶，未尝试也不习惯其他食物的结果。如果1岁的宝宝仍吃母乳，一定要严格控制喂奶次数，吃辅食前两个小时左右，就不能再喂母乳，夜间也应当停止吃母乳，让孩子的兴趣和注意力转移到吃饭上来。

2. 为了使孩子获得更充足的营养

即使母乳很充足，在孩子6月时也应逐渐给婴儿喂食些其他的食物，使得婴儿能慢慢习惯其他食物，并最终完成从吃奶过渡到完全吃一般家庭普通饭菜的过程。另外一个重要原因是辅食中的一些谷物、蔬菜和动物性食物等通常含有更多的营养素，如视黄醇、维生素D、维生素E、核黄素、维生素B_{12}、铁、锌和钙元素等，其营养价值明显高于一般的乳类食品，对于这一阶段的婴儿生长发育

大有好处。

3. 断奶时能否由父亲或其他人帮助

断奶时父亲或与孩子最亲近的人，如祖母、外祖母、阿姨等应给予帮助，比如喂配方奶时，由父亲或祖母、阿姨代替母亲喂食会比较顺利。晚上让父亲帮助洗澡、换衣服、喂水等都会减少孩子突然见不到母亲时产生恐惧感。如果准备工作没做好，再准备1～2个月都没关系，千万不可单纯按照时间的要求给孩子强迫断奶。

4. 断奶期需要多长时间

断奶不一定非要一断必绝，你可以每天给孩子喂一两次母乳，一直喂到他1～2岁，当然也可以一下彻底断掉。一旦孩子适应配方奶喂养，断奶的过渡应该比较顺利。让孩子一点一点地学会吃固体食物，断奶期间最好不让环境产生变化，以减少孩子的困惑。许多婴儿在出生半年后，对哺乳失去兴趣，或者在学会用杯子吃饭时对哺乳失去兴趣，这是孩子自立能力增加的表现。

5. 宝宝长牙时的喂食

6～8个月的宝宝正是开始出牙的时期，这时宝宝口腔内分泌的唾液中已含有淀粉酶，可以消化固体食物，不要错过这一时机，及时给宝宝添加一些固体食物。可以给宝宝一些手指饼干、面包干、烤馒头片等食品，让宝宝自己拿着吃。刚开始宝宝是用唾液把食物泡软后再咽下去，几天后，宝宝就会用牙龈磨碎食物，尝试咀嚼。此时的宝宝多数还未长牙，牙龈会发痒，他会很喜欢用嘴咬一些硬东西，这有利于乳牙的萌出，如果没有硬食物可咬，他会咬玩具、咬衣服的。

6. 宝宝开始长出第一颗乳牙

大多数宝宝在6～8个月时开始长出第一颗乳牙，在他口腔前端的下方露出。开始萌牙时，你的宝宝有时会表现出不适，这些不适使宝宝烦躁或是哭闹，齿龈可能有些红肿，他可能要咬东西。紧接着上面的两颗乳牙开始萌出，其余的牙齿将会慢慢陆续长出，9个月时，你的宝宝可能已经长出好几颗牙齿。如果你发现在宝宝牙齿上有小白点，应当带宝宝去看牙科医生，因为牙齿上的白点

可能是宝宝龋齿的迹象。一般来说，宝宝出牙的数目可以用12减去月龄来计算，例如8个月牙齿的数目为12－8＝4颗。

一、常见问题

1. 宝宝抓起东西就放在嘴里咬，怎么办

这是正常现象，孩子的发育过程中有一个口欲期，是要用嘴巴去探索整个世界。在这个阶段对家长的建议是，要把宝宝的玩具每天都清洗、晒干以后再给他玩。大部分的孩子随着年龄长大这个习惯会逐渐改掉，只要保证这些玩具不要掉在地上很脏再拿起来放在嘴巴里就可以了。强行剥夺往嘴里放东西咬的过程对宝宝来说也不是一件好事情，家长不要刻意把宝宝这个习惯去掉，甚至有的玩具就是专门做成给宝宝放到嘴巴里去的，所以妈妈没有必要太过担心。

2. 七八个月大的孩子是否可以自己吃饭

孩子用双手操作尝试自己吃，这是一种探索行为，是在学习自立，家长应给予充分的支持。从进入食物添加期开始就要注意给孩子提供“自食”的机会，孩子自己进餐从智力开发来说可锻炼孩子手眼协调，精细动作，宝宝能把勺抓住，把饭盛起并试着放入嘴里，这是一个多么难得的训练计划和发育的飞跃。从心理发育来说可培养孩子自信心，防止偷懒和过分依赖别人。如果你的七八个月大的孩子有自己吃饭的要求，一定不要剥夺孩子的这种权利哦！

3. 宝宝不吃辅食怎么办

有的宝宝对一种新的食物表示拒绝，可以认为这是一种基本的防护本能，是儿童同环境建立关系时完全正常的表现。家长不能把开始的拒绝视为不喜欢，不再给吃，这会剥夺孩子学习喜欢吃这种食品的机会。此时，家长应耐心地少量多次哺喂，直至孩子适应这一新提供的食品为止。一般经过先舔、勉强接受、吐出、再喂、吞咽等，反复十次以上，经过数天才能毫无戒心地接受开始拒吃

的食物。此时最需要的就是耐心和坚持。

4. 宝宝吃什么拉什么怎么办

宝宝吃了辅食后表现得很愉快，精神和睡眠也都不错，就可说明宝宝对吃的辅食比较适应。有的孩子有时会出现一些特殊情况，比如大便中带着整块的菜叶，整瓣的橘子，成块成粒的，半干不稀的，次数也是忽多忽少的，却搞得全家心神不宁。食物中的纤维素也是一种营养素，对儿童肠道健康是有益的，所以吃什么拉什么反而有利于他的排便。其实，只要孩子不哭不闹，照吃照玩，大便的次数并不重要，食物未经消化就整个地拉出来了，可以再观察看看，大多宝宝就在“训练中”会慢慢得到适应，对吃进去的食物也能够完全地消化，大便的性状也就好转了。如果是宝宝大便非常干燥，那么多吃点蔬菜是可以的。

二、生理与营养学知识

1. 夏日吃水果多宝宝容易发生红屁股

夏日宝宝吃水果的机会明显增多，大多数水果含有明显的酸性物质，经过胃肠道消化后，排出的大便对宝宝臀部起到比普通饮食更严重的腐蚀作用。此时尿液中尿酸盐明显增加，由于外界环境中的各类刺激物、致敏物，再加上粪便里的细菌，宝宝的小屁股直接受伤害的机会增多。宝宝的小屁股尤其娇嫩，皮脂腺、汗腺等各项功能尚不成熟，因此容易发生红屁股。

2. 注意白肉与红肉的区别

红肉富含矿物质，尤其是丰富的铁元素而使肉呈现为红色。牛肉、羊肉和猪肉等都属于这一类，对于缺铁、缺锌的孩子尤其需要这种红肉。而鱼肉、鸡肉、鸭肉等叫做白肉，白肉脂肪含量较低。红肉中饱和脂肪的含量确实比白肉多，但天然的脂肪还包括大量不饱和脂肪，不饱和脂肪中的亚麻酸、亚油酸是人体必需的，在人体中不能合成，必须从食物中摄取。如果缺乏了这类脂肪，儿童的大脑、眼睛、关节、血液及免疫系统将会受到严重的影响。

3. 评价辅食添加的尺子

除了根据体重的增长来衡量孩子吃的食物质与量够不够之外，还应当多学

几项评价辅食添加是否得当的尺子。如果辅食的量不够，孩子会有相应的表现，比如不爱活动、喜欢让别人抱、哭闹、精神不太好等。再有睡眠不安，夜间多次惊醒，大便的量与质，皮下脂肪的厚与薄，以及面色是否红润，头发是否有光泽等，都可用来帮助判断孩子的辅食添加是否科学。如果上述项目出了问题，一般不外乎两种可能，一是需要更多的食物或改进食物的营养价值，二是由于患病或需要更多的关怀和照顾。

4. 身高、体重测量与膳食调查

宝宝每个月或者每间隔一段时间要测量一下体重、身长是必要的，这样可以观测到宝宝的增长趋势如何，有时候临床上一次的称和量很难下定论，要看它的趋势。目前采用的是生长曲线，如果是长得慢就要注意是否出了问题。寻找问题根源时首先要问妈妈宝宝在吃的过程当中究竟吃了些什么，以奶为主，还是辅食为主，辅食的量和质都要了解清楚。在此基础上再进行分析，比如蛋白质、碳水化合物、脂肪、各种矿物质、营养素到底够不够，基于这样的分析结果，给家长一个简单明了的，对宝宝膳食进行调整的建议。同时还需要定期反馈，看看提出的调整建议是否做到了，宝宝的身体情况是否在慢慢变好。

三、食谱及其制作方法

1. 菠菜猪肝泥

原料：研碎的猪肝1小勺，土豆泥1勺，菠菜末1小勺，肉汤少许。

制作方法：先把猪肝洗干净，放入开水中焯一下捞出，再用水冲洗干净，放入锅内加适量水上火煮熟捞出控去水分，切成碎末；将菠菜择洗干净用开水烫一下捞出切成碎末。把菠菜末、土豆泥、猪肝泥放在锅内加入少许肉汤煮黏稠即可食用。

2. 小白菜豆腐

原料：豆腐2小勺，小白菜叶2勺，蛋黄1/2个。

制作方法：把豆腐放入热水中煮一下捞出放到碗里用勺子研碎；将小白菜洗干净后切成碎末加淀粉调匀，再放豆腐拌匀，做成方块状，把煮熟的蛋黄研

碎，撒在豆腐上，放入蒸锅内蒸 10～15 分钟。

3. 油菜蛋黄泥

原料：油菜末 1 勺，蛋黄 1/2 个，酱油少许。

制作方法：把油菜洗干净放入开水中煮 5 分钟，捞出切碎；将油菜末用酱油调拌均匀，再把煮好的蛋黄研成末撒在表面。

4. 三色肝末

原料：猪肝（或牛、羊肝）25 克，胡萝卜、西红柿、菠菜叶各 10 克，食盐少许，肉汤适量，洋葱少许。

制法：将猪肝洗净，去筋膜后绞为浆汁；将洋葱去外衣，切细末，胡萝卜洗净，去心，切碎，西红柿入沸水中略烫，捞出去掉表皮，切碎。上述食物一并入肉汤中煮沸，加食盐拌匀即成。

四、6～8 个月婴儿喂养及营养学评估

1. 体重、身高增长

第 6～8 个月约每月增长 450 克，6 个月时体重应在 8.0 千克以上。1～6 个月身高约增长 18 厘米，平均每个月增长 3.0 厘米，半岁时平均 68 厘米。

2. 喂养评估

评估内容、评估结果见表 4-3。

表 4-3　6～8 个月婴儿喂养评估

分类	评估内容	评估结果		
		差	中	优
母乳或配方奶	次数或量	乳量少于 400 毫升	3 次或 400～600 毫升	600 毫升以上
辅食	次数	未添加	偶尔	2 次/日

续表

分　类	评估内容	评估结果		
		差	中	优
辅食的质量	每日都有适量动物性食物	无	偶尔	经常
	绿色蔬菜的量是否充足	无	少许	较多
	是否有维生素A含量丰富食品	无	少许	较多
喂养行为	有固定喂养人和地点	无	偶尔	有
患病及患病时喂养	近1～3月内患病次数	多次	1次	无
	患病时是否禁食	是	部分	不禁食

第五章　婴儿的“手指抓取”食物

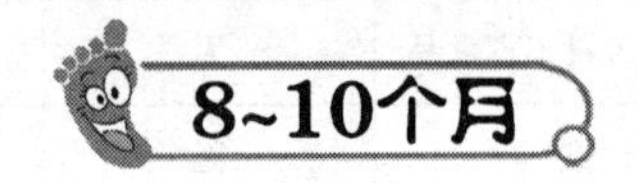

开头语：

婴儿的一日三餐应包含一些固体食品和肉、菜、谷物的合理搭配，例如小块的肉类、整粒软米饭、面包、细面条、蔬菜都是极好的选择。

逐步增加辅食的硬度和品种，以适应营养和吃饭能力发展的需要。8个月时可吃“手指抓取”食品，每日喂辅食2～3次。

——辅食添加10原则之五(WHO/UNICEF,2002)

喂养参考标准：

母乳或配方奶：每日不超过600毫升，母乳或配方奶摄入量不应影响辅食的摄入量。8个月以后，先喂食物，再吃奶。

辅食：2～3次/日，软米饭、面食等“手指抓取”食物代替泥糊食物。蛋黄1个，肝泥、肉末选1种，肝末15克/次，肉末20克/次。蔬菜50～100克，水果35～75克。馒头干、饼干、切成条状的蔬菜、水果让婴儿自己啃着吃，为吃大人饭菜做准备，多饮水。

指南

一、“手指抓取”食物

1.“手指抓取”食物——辅食添加的重要转折

大约8个月时，这时最理想的食物是手指抓取的食品，即能用手指抓握的固体食品，无疑它的能量和营养素含量要明显高于乳品和泥糊食物。这个时候如果仍然吃米汁或面汤，显然满足不了孩子营养的需要和心理的发展。宝宝在吃这些“手指抓取”食物时大多仅经口唇、舌头的搅拌而并未经过牙齿的咀嚼直接吞咽下去，但也完全可以被消化掉。8个月的“手指抓取”食物对于学习吃饭的能力和改善辅食的质量都是重要的里程碑，你的宝宝做到了吗？

2. 哪些食物算是“手指抓取”食物

手指抓取食品包括任何容易握住的固体食物，如小面花卷、小块鸡、全麦面包、面食以及任何容易握住煮熟的肉片、鱼片、切片的水煮蛋黄等。新鲜蔬菜、水果可先去子、去皮、切成片状、切成棒状或容易握住形状都是理想的“手指抓取”食品。香蕉和胡萝卜都非常容易握取，即使有些食物稍微硬些，他还是要试试的。须注意蔬菜不要切得太碎太烂，更不需要用粉碎机把食物打烂，让孩子选择不同香味、形状、颜色的食物。因为孩子很可能不咀嚼而直接吞咽食品，所以不要让幼儿吃葡萄、爆米花、未煮熟的豌豆、芹菜、硬糖果或其他硬而圆的食物，以免出现意外。

3. 吃固体食物的准备

宝宝8个月时，如想让婴儿通过吃米粥这类食物来达到能量和营养素的要求显然已经不行了。如果仍然长时间食用泥糊状食品，除孩子不会吞咽外，孩子的咀嚼功能越来越弱，孩子长大也懒得咀嚼硬东西，这使得孩子的牙齿和口腔内外的肌肉得不到应有的锻炼，颌骨也不能很好地发育，错过了学习吞咽、咀嚼的关键期，今后再学习会困难大增。因此家长应当主动做好吃固体

食物的准备，例如小块的肉类、整粒软米饭、细面条都是极好的选择，吃这些食物有时会出现噎住、卡住的现象，大人要密切关注，经过几次训练后就不会发生了。

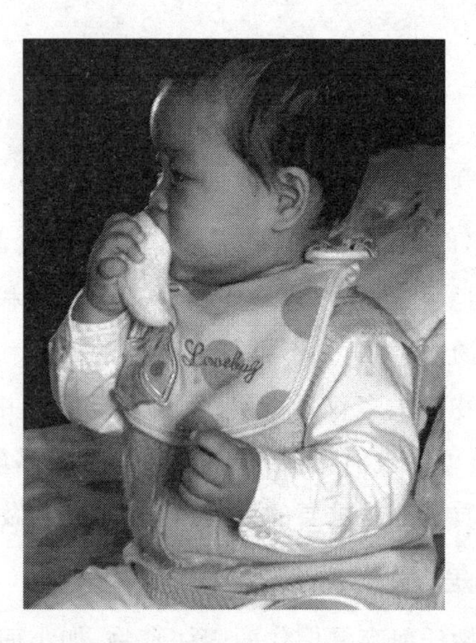

二、辅食的质量最容易出问题

要注意辅食是否合理包含数量与质量两大方面。辅食的质量即辅食所含能量、蛋白质及钙、铁、锌和维生素等是否充足，是否便于吸收和生物利用。辅食的质量好即能满足儿童快速生长发育的需要。

1. 辅食能量与营养素的含量

食物中碳水化合物、蛋白质和脂肪三大营养物质进入人体都会转化为能量来供人体利用。我们知道，成人食物能量及各种营养物质丰富，但要让孩子直接接受成人固体食物还是不可能的。其间必须有泥糊状和“手指抓取”食物作为过渡，帮他顺利过渡至成人食物的阶段。婴儿随年龄增长会需要更多的蛋白质和营养素摄入量，我们希望在宝宝相同量的一碗食物中能量和营养素含量更丰富些，能达到这一目标的食物就是蛋、鱼、肉类等动物性食物，这些食物有比植物性食物更优质的蛋白质及丰富的铁、锌和维生素 B 等。

2. 肉类食物实际摄入量低于需求

营养学家认为，尽管许多父母通常也会给婴儿每天喂食一些含有肉类的糊状食品，但肉类食品摄入量仍比专家建议的含量要少20%～30%。目前我国儿童营养缺乏以微营养素缺乏症为主，例如缺铁性贫血、锌缺乏和维生素A、维生素D缺乏等都与肉类食品摄入量过少有关。

特别提示：婴儿每天应食用多少肉类食品

调查显示，目前我国6到12个月大的婴儿平均每天进食12～15克肉类食品，但根据儿童营养专家建议，婴儿每天应当至少进食25～40克肉类食品。世界卫生组织的营养学专家们一直呼吁在发展中国家，应积极倡导在食物中尽可能增加动物性食物的摄入量，以预防缺铁性贫血和其他微营养素缺乏症的发生。

3. 光吃蔬菜不吃肉怎么办

孩子光吃蔬菜不吃肉或是光吃肉不吃蔬菜都属于不正确的喂养方式，会导致儿童营养的不均衡。良好的喂养行为应从小培养，从4～6月开始就注意着这两大类食物的及时添加和合理搭配，让孩子不断尝试谷物、蔬菜和各种动物性食物。当遇到困难时，不可强迫喂食，应多鼓励，营造一个良好的餐桌气氛。应注意饭菜要做到色香味美，也可以做成小包子、小饺子，这样既有菜又有肉，营养充足。

4. 给孩子吃粗的、硬的饭菜能消化吗

平时见到有些孩子吃的食物稍微硬一点，孩子就恶心、呕吐，原因是宝宝的喂养长时间停留在吃流质食物阶段，宝宝口腔和肠胃一直缺少锻炼的机会，不会咀嚼，不会吞咽，肠道的推动力及适应能力便会出现发育停滞。眼下人们的家庭条件越来越好，孩子们吃的东西是越来越细腻，这样就跟不上孩子的成长规律。在孩子8～10个月时，应吃粗一些的、硬一些的食物，只要循序渐进，都会消化得了，宝宝的消化能力往往会超出你的预料，切不可坚持了一段时间就又停了下来。

5. 练就孩子一副好肠胃

孩子开始添加固体食物时，大便中带着整块的菜叶，可以认为是孩子胃肠在消化这些粗糙食物的一个中间过程，只要孩子不哭不闹，照吃照玩，身高、体重增长正常，就应大胆尝试。食物越是粗糙，对宝宝口腔、胃肠壁的力学刺激就越大，肠壁肌肉的推动力也就越大，这样就能练出宝宝强有力的消化道推动力，练就孩子一副好肠胃。一段时间后对吃进去的食物也能够完全地消化、吸收了，大便的性状也就好转了。

三、科学的喂养行为

营养既包括物质营养，也包括精神营养。用什么态度喂孩子，在什么样的气氛下进餐，大人的喂养行为，孩子的进餐行为，都会影响到最终的营养结局，关系到孩子的健康。

1. 固定的喂养人和喂养位置

凡是喂养环境比较安静的，婴儿一般能将注意力集中在进食和与喂养人的交流上。父母或专门的喂养人面对面的喂养位置是以婴儿为本的喂养方式，儿童能随时看到喂养者的眼睛，便于喂养者与之交流。孩子能观察食物和自己取食，这样可以增强对食物的兴趣和良好的进食习惯。让孩子坐在儿童车或者儿童专用小餐桌里进行喂养，这样保证孩子先固定下来又可以让宝宝手脚自由活动，不受束缚，比较安全，这样做便于喂养。

特别提示：固定喂养人和喂养位置

选择合理的和相对固定的喂养位置和比较固定的喂养人是建立合理喂养关系的关键一步。大人怎么方便怎么喂，这是一种以成人作为主导地位的喂养方式，不利于建立良好的喂养关系。

2. 开始吃餐桌上的食物

8～10个月时，孩子的吃饭兴趣开始从糊状食物转向成块的食物，大多数婴

儿乐意与家庭其他成员一起吃饭。开始时，可以既给他吃糊状食物，又给他吃桌上的食物，到 1 岁时应过渡到以吃餐桌上的普通食物为主了。孩子开始吃大人饭后仍要注意不要强迫孩子遵循你的饮食方式。大人也许会吃高纤维、低脂肪的食物，但面对 1 岁以下的孩子并不需要高纤维和低脂肪，直至两岁前，对孩子摄入的脂肪和胆固醇含量都不应过度限制。高纤维食物过多会影响宝宝铁、锌、钙等营养素的吸收和生物利用。

3. 不科学的“饭勺现象”

在一些家庭中，家长端着饭碗，拿着饭勺追着孩子喂，这种强迫宝宝进食的营养行为破坏了有利于孩子进食的气氛，不利于培养宝宝独立进食的良好习惯，也不能均衡营养。家长应注意在孩子吃饭时培养孩子的独立性和克服困难的能力，避免为了让孩子吃快，家长端着饭碗，追着孩子喂饭，这样会导致就餐时的心理负担，这些都是由于家长期望值过高和对儿童的饮食行为缺乏了解造成的。有的家庭在给儿童喂饭时开着电视，喂养人在孩子集中精力看节目的时候把饭喂到孩子嘴里，忽略了儿童与喂养人间的交流。

4. 通过餐桌培养孩子的独立能力

父母鼓励孩子从小独立进餐，盛的饭菜要适量，要求把所盛的饭菜尽量吃干净，不要留给其他人吃。在与孩子就餐的整个过程中，可以把他的小椅子坐在你旁边，让他模仿。做到吃饭的时间一到，全家人一同在餐桌上用餐的习惯，并规定孩子应当吃完自己的那一份餐，不要贪多，久而久之，孩子便会养成定时、定量的习惯。家长应掌握住帮助孩子进餐和让孩子独立进餐两者之间的关系，孩子自己吃一吃，大人帮一帮，有时催促或强迫孩子吃饭倒不如让他饿上一顿。

5. 品尝酸、苦、甜、辣不同味道

在宝宝味觉全部完善以前，他们极少或根本没有接触过苦味和酸味食物。随着辅食种类的不断变化和不断的接触家庭饭菜，可有意识地让他们接触酸、苦、甜、香、辣和咸味。品尝不同味道蔬菜制作的菜泥、菜粥，放有少量葱和盐的鱼汤、放有少量胡椒和辣椒的菜汤、加有食醋的汤面等，都可让孩子从小就习惯不同的食物。有意让孩子们从断乳开始就不断尝试各种味道，这对防止孩子偏

食很有益处。

四、开始学习自己吃饭

随着年龄的长大,宝宝开始学习抓住并使用杯子、勺,这样有利于及早停止奶瓶喂养,如果孩子仍喜欢用奶瓶,甚至过分依赖奶瓶,宝宝选择营养丰富食物的机会就会减少。

1. 学着自己吃饭

如果宝宝想自己用汤匙,可以让他自己动手去吃。学着自己吃饭可以说是宝宝生理和心智发育上的一大进展,宝宝自己吃饭的行为可刺激宝宝肌肉协调和平衡能力的发展,家长应尽量鼓励他这么做。宝宝要经过几个月的训练才会熟练地自己吃饭,你可以准备一些比较浓稠容易舀起的食物,如稠米粥、蒸蛋或蔬菜泥之类。如果他仍是舀不起食物觉得很泄气,你可准备些“手指状”食物让他握在手上吃。

2. 吃得一塌糊涂

宝宝可能会将吃饭时间视为另一个玩耍的好机会,尤其在宝宝开始学习使用碗和勺子自己吃饭时,会把食物弄得到处都是。宝宝可能会将食物拿来玩,因此大部分的食物可能都掉到地上,而非吃进宝宝的肚子内。看起来好像是他故意把食物弄得到处都是,但随着他的大脑和手眼协调性的逐渐发育成熟,一切都会很快过去。你可以利用游戏或小奖品来鼓励他学习保持干净,并可采取一些简单防范措施,例如在小桌周围地板上放一块塑料布,以便于清除被乱扔、弄脏的食物。

3. 帮助孩子学会使用汤匙

一旦孩子知道如何拿住并使用汤勺,他就会尝试自己进食。要有耐心,不要去随意夺去他的汤勺,此时孩子需要你信任他自己吃饭的能力。在开始自己进餐的最初几周,如果孩子真的饿,宝宝对吃饭的兴趣会比玩耍更浓。还有一个好的办法便是母子双方均拿着相同款式与颜色的汤勺,当他无法舀起食物时,你可将已舀满的汤勺和他交换,孩子会毫不困难地接受这些食物。

4. 为什么要停止奶瓶喂养

随着孩子的长大，在进餐或喝水的时候，让孩子用杯子。在我国大约一半1岁以上的孩子仍用奶瓶。过长吮吸奶瓶会影响宝宝颌面部的发育，容易出现龋齿和反颌。延长用奶瓶喂养的另一缺点是奶瓶不如杯子和碗一样容易清洗干净，在奶瓶清洗时，一些藏在奶瓶隐蔽处的奶垢由于未被清洗掉而污染了奶瓶内的奶汁，这是孩子发生腹泻的主要原因之一，长时间用奶瓶喂养也不利于宝宝心理的成熟。

5. 防止龋齿发生

“奶瓶蛀牙”多发于非母乳喂养儿身上，最佳的预防方式自然是鼓励母乳喂养。如果你的宝宝需要用奶瓶哄着入睡，在小孩睡着后，一定要记着把奶瓶从他嘴中取出，千万不能让他养成噙着奶嘴睡觉的坏习惯。如果宝宝使用安抚奶嘴，只在喂养时使用。婴儿吃奶时，最好让他在20分钟内吃完，不要让他含着奶瓶入睡。家长可以在喂完奶以后再用装开水的奶瓶继续喂食，这样可以达到清洁的功效。随着孩子一天天长大，应注意逐步停止宝宝需要用奶瓶哄着入睡的习惯。

6. 示范如何用杯子喝水

如果孩子在最初几周仅仅把杯子作为玩具，水洒得到处都是，这也十分正常，大多数孩子都会这么做，要有耐心。最终在你重新给杯子加水时，他会将杯子中的大部分液体喝下。用杯子喝水有助于断奶过程的进行，如果孩子在哺乳完成前试图逃走，或是左顾右盼含住乳头而不进行吸吮，这些信号都告诉你，孩子应使用杯子换下奶瓶并该着手断奶了。

特别提示：学习使用杯子

一旦孩子经常自己吃饭，就是他开始用杯子饮水的最好时机。开始时让孩子使用有两个把手和一只带含嘴的杯子，最好选择溅出最少液体的杯子。开始时在杯子中盛水，一天一次，向他示范如何用杯子喝水。孩子12个月的时候，一定要停止使用奶瓶喂奶、喂水，改为使用杯子、碗、勺。千万不要以任何借口延长使用奶瓶的时间。

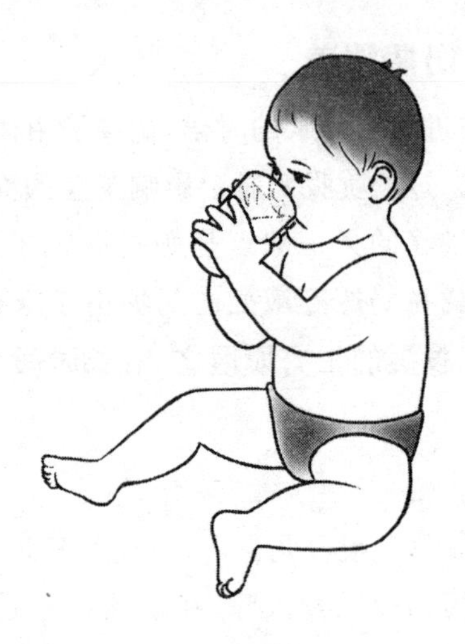

爱心门诊

一、常见问题

1. 用奶瓶帮助孩子入睡的危害

在断奶过程中，你可能会尝试在孩子的奶瓶中放入果汁或牛奶来帮助孩子入睡，但这样做不利于孩子的健康。因为孩子在吃奶时睡着，牙齿的周围会残留有牛奶和果汁，可能导致牙齿腐蚀。更糟的是仰卧在床上进食会使进食的液体可以通过咽鼓管流入中耳引起中耳感染。如果孩子整夜睡眠，不因饥饿而在夜间醒来，说明他并不需要床上哺乳来提供额外的营养。

2. 果汁的补充应有限制

孩子一旦开始进食固体食物，对水分的需要将增加。大多数家庭会用果汁为婴儿提供额外的水。然而，如果孩子补充的果汁太多，会影响消化，导致产气甚至会腹泻。为保证孩子的日常进食和营养需要，每日喂果汁1～2次，摄入量不超过50毫升。避免在进餐时饮用果汁，因为进餐时同时给孩子补充额外的果汁，会造成孩子对固体食物需求的减低和进食欲望的下降。

特别提示：不能用果汁水代替白开水

日常生活中，千万不可用果汁水完全代替白开水整日饮用。有的家长迷信梨水能给孩子去火，有助于孩子健康，因此长时间饮用。但从效果上来看，这些天天喝梨水的孩子脸色就像梨的颜色一样，营养不好，缺铁、缺锌较常见。

3. 为什么宝宝常常便秘

一般便秘是指大便变硬不易解出，排便时间拖得很长，或是排便后仍然觉得肚子胀，没有办法排得很干净，所以即使天天排便，只要是排便困难都算是便秘。反而是两三天解一次，但排便顺畅，也不算是便秘。因此，宝宝1～2天没有排便，爸爸妈妈也不必过度紧张。

导致宝宝便秘的原因，可大致分为下列几种：首先是饮食不当，宝宝吃的食物偏重高蛋白，而缺乏碳水化合物，水分摄取不够，低残渣的食物或饮食量太少，都可能造成便秘。其次是心理因素，有些家长对小朋友的排便习惯，过分强调，造成孩子对排便这件事的排斥。

4. 是否使用安抚奶嘴

对于婴儿来说，吸吮是一件让他感到安慰的事情。但是，如果给出生只有几个星期的婴儿一个安抚奶嘴的话，吸吮了安抚奶嘴，对乳头的刺激就会减少，导致乳汁分泌量下降。有证据表明，过早地给婴儿安抚奶嘴会干扰母乳喂养。所以最好还是等到你的奶水供应模式已经固定下来后，再让你的孩子使用安抚奶嘴，这通常要等到第一个月结束时。也可以试一下在用包被把宝宝包起来的时候让他的双手靠近自己的嘴巴，这样他就可以吸吮自己的手来安慰自己了，就像他在子宫里一样。

5. 安抚奶嘴可能带来的不利影响

吸吮乳头和吸吮安抚奶嘴应用的是两种截然不同的吸吮技巧，给新生儿混合使用，容易引起宝宝产生"乳头错觉"，在吸吮乳头时姿势不正确，导致无效吸吮，不能吸出乳汁，也容易引起乳头疼痛和皲裂。频繁地使用安抚奶嘴，容易助

长父母的懒惰心理。一个啼哭的婴儿,需要的不是冷冰冰的硅胶物品,而是父母温暖的怀抱和无微不至的关爱。当然不是说绝对不可以使用安抚奶嘴,只是需要谨慎处理。记住,安抚奶嘴可以暂时替代乳头,却永远无法替代母亲。

6. 宝宝睡眠时到处乱滚正常吗

宝宝在睡觉的时候抖动甚至满床滚着睡是允许的,目前人们对婴幼儿睡眠有了比较深的了解,睡眠是从浅睡眠到深睡眠不断调节过程当中,浅睡眠时,宝宝可以有很多大幅度的运动,甚至于宝宝睡觉所占的面积要比我们成人睡觉所占的面积还要大,可以直着睡,也可横着睡,不仅仅是抖动,可以有更多的动作,这都是睡眠过程当中的一些表现,排除了孩子没吃饱等常见因素外宝宝睡眠时到处乱滚不一定是疾病造成的。

特别提示:每个婴孩的成长特点及其规律不同

孩子的个人体质存在着明显差异,每个孩子都有着自己的成长时间表。如果父母观察自己的孩子是否在不断长大,就应跟自身的情况去比较,不应该拿自己的孩子跟别人去比较,不要弄得一家人到处求医。

二、生理与营养学知识

1. 咀嚼能力强的孩子俊秀聪明

一些资料介绍,常吃软食的孩子视力较差,而喜吃硬食的孩子可以预防近视、弱视等眼疾发生。这是因为咀嚼能促进面部肌肉运动,这种运动可以加速头面部的血液循环,增加大脑的血流量,使脑细胞获得充分的氧气和养分供应,让孩子大脑反应更加灵敏。咀嚼能锻炼下颚肌肉,与天天吃流质食物的孩子相比显得脸庞秀丽。一些硬质食物,如碎肉、水果、胡萝卜、豆类、土豆、动物骨和玉米等,可以增加大些孩子的咀嚼能力。

2. 吃蛋黄好还是吃蛋白好

蛋黄和蛋白的蛋白质都是优质蛋白,但是蛋黄与蛋白的其他营养成分有较

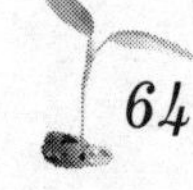

大差异。蛋白以卵清蛋白为主，蛋黄除了含丰富的卵黄磷蛋白外，还含有丰富的脂肪、维生素和微量元素，特别是铁、磷及维生素A、维生素D、维生素E和B族维生素含量丰富。6个月以上至1岁以内的婴儿以食用蛋黄为宜，1岁以上的幼儿可以开始食用全蛋。研究表明，蛋黄中铁的生物利用率不是很高，因此用蛋黄补铁的说法不十分准确。

3. 这个时期的孩子能否喝低脂奶

两岁之前，不应给孩子喝低脂奶，如果饮用低脂奶，孩子将不能得到足够的热量和身体所必需的脂肪酸，而且蛋白质和钠含量太高，不利于孩子肾脏的发育。两岁之后，对于有明显肥胖倾向的孩子选择低脂奶是个明智的选择。

4. 在孩子玩耍时，不要携带奶瓶

当孩子可以坐起或者你抱着他时，就不要再使用奶瓶喂养，而让他使用杯子。在孩子玩耍时，不要让他携带奶瓶或使用奶瓶喝水。如果不让他携带奶瓶，他就不会认为携带奶瓶是一个好的选择，一旦做出这个决定，就不要有怜悯之心。有时在他断奶很长时间以后，偶尔携带奶瓶会提醒他重新要求使用奶瓶，应当尽量避免。

三、食谱及制作方法

1. 猪肝面

原料：挂面小半碗，猪肝末1勺，虾肉末1勺，小白菜末1勺，鸡蛋1/4个，酱油少许。

制作方法：将挂面煮开2次捞出，切成段儿；把猪肝煮熟研成末，将虾肉、小白菜也切成末一起放入锅内，再加入海米汤和少许酱油上火煮，煮开锅后，把调好的鸡蛋撒入锅内，再煮一会儿即可食用。

2. 牛肉南瓜

原料：牛肉1勺，南瓜1勺，碎葱头1勺，黄油少许，番茄酱少许。

制作方法：鲜牛肉洗净，用开水焯一下捞出，切成小方块放入锅内，加入葱、

姜用文火煮烂，然后再捞出用刀切碎；把南瓜洗干净去皮和籽并研碎，放火上蒸软；再把牛肉末加上南瓜和番茄酱一起放锅内，再加上研碎的葱头末和少许色拉油搅拌均匀煮一会即可。

3. 肉蛋豆腐粥

原料：大米，猪瘦肉 25 克，豆腐 15 克，鸡蛋半只，食盐少许。

制作方法：将猪瘦肉剁为泥，豆腐研碎，鸡蛋去壳，将一半蛋液搅散。将大米洗净，酌加清水，文火煨至八成熟时下肉泥，继续煮；将豆腐，蛋液倒入肉粥中，旺火煮至蛋熟，调入食盐。

4. 面包布丁

原料：全麦面包 15 克，牛奶 125 毫升，鸡蛋 1 只，白糖，色拉油适量。

制作方法：将鸡蛋去壳，搅散；将面包切丁，与牛奶、白糖混匀；取碗 1 只，内涂色拉油，放入上述各物，入屉蒸约 10 分钟即成。

四、8～10 个月婴儿喂养及营养学评估

1. 体重、身高增长

第 8～10 个月约每月增长 400 克，8 个月时平均体重为 9.0 千克。第 8～10 个月，每个月身高增长 1.2 厘米，8 个月时平均身高为 70 厘米。

2. 喂养评估

评估内容、评估结果见表 5-1。

表 5-1　8～10 个月婴儿喂养评估

分　类	评估内容	评估结果		
		差	中	优
母乳或配方奶	次数或量	无母乳或配方奶	2 次或 200～400 毫升	600 毫升或以上
辅　食	次　数	未添加	1～2 次/日	3～4 次/日

续表

分　类	评估内容	评估结果		
		差	中	优
辅食的质量	每日都有少量动物性食物	无	偶　尔	日　常
	辅食干、稀程度	全流质	以流质为主	较多固体
	绿色蔬菜的量是否充足	无	少　许	充　足
喂养行为	用杯子、勺喂奶或辅食	无	偶　尔	日　常
	有固定喂养人和地点	无	偶　尔	有
患病及患病时喂养	近1～3月内患病次数	多　次	1次	无
	患病时是否禁食	是	部　分	不禁食

第六章　享受餐桌上的食物

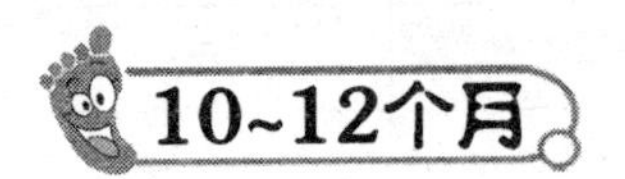

开头语：

不断尝试家庭普通饮食，如大人吃的馒头、小包子、小饺子、米饭、蔬菜、苹果等，从而基本完成从完全靠吃奶向吃成人食品的过渡。

12月时可吃一般家庭普通饮食，每日都应有肉、禽、鱼和蛋，或尽可能满足。除非使用营养素补充或强化饮食，在此年龄段蔬菜清淡饮食不能满足儿童营养的需求。

——辅食添加10原则之八(WHO/UNICEF,2002)

喂养参考标准：

母乳或配方奶：持续母乳或配方奶400～600毫升，以不影响一日三餐为宜。

辅食：3～4次/日，普通家庭饭，不宜太稀太软。多选用蔬菜、豆腐、鱼、肝泥、肉末等，并逐步加大食量，蔬菜每天50～100克。蛋50克，肉末25～40克/次，每日食1次。学习和巩固婴儿用勺吃饭和用杯子喝水的习惯。

指南

一、营养最充足的膳食是什么

几乎没有一种天然食物所含有的营养物质能全部满足人体的生理需要，只有进食尽可能多样的食物，才能使人体获得所需要的全部营养素，这就是人们常说的均衡膳食。

1. 合理膳食的评估指标

辅食喂养是否适当，可通过能量摄入、喂养频率、营养素的充足与否几项指标来评估。能量摄入可通过食物的组成，固体食物、动物性食物所占的比例等来判断。辅食喂养频率应做到 4～6 个月 1～2 次/日，6～8 个月 2～3 次/日，9～12 个月 3～4 次/日，并有 1～2 次/日营养丰富的零食。营养素的充足包括，一日内膳食中动物性食物、奶制品、富含维生素 A 的食物、强化食品的平均数量应满足儿童营养需求。

2. 单一的粮食不是理想的食物

不断改变饭菜花样，在饮食均衡的条件下，父母可以多种类的食物，包括蔬菜、水果和动物性食物等取代平日所吃单一的米饭、面条等精细粮食类食物。随着儿童年龄的长大，防止过多的碳水化合物（粮食）和高糖（高血糖生成指数）食物。婴幼儿膳食应做到营养充足，就是摄入或增补最容易缺乏的能量、维生素和矿物质等必需营养物质，单纯的粮食是达不到这一标准的。

3. 不要养成吃甜食的习惯

宝宝对甜味的感觉与生俱来，并且已经对不同浓度的甜味十分敏感。当几种甜食放在一起时，他总会挑选出他认为最适合他的那一份。尽管如此，你仍须注意限制宝宝的甜食。当孩子看不到甜食时，并不会想它，所以你不要把甜食带进房子，或者把甜食藏起来。避免在他吃的食物中加糖，不要让甜食成为他的常规饮食。一旦养成喜吃甜食的饮食习惯，将持续一生。

4. 多吃蔬菜有益健康

蔬菜类品种很多,包括叶菜类、根茎类、瓜果类、鲜豆类和鲜蘑类等。蔬菜类含水分多,含蛋白质和热能少,但蔬菜是维生素和矿物质的主要来源,而且绝大部分蔬菜含有较多的纤维素,可以增加胃肠道的蠕动和消化液的分泌,使粪便容易排出。蔬菜含糖少,不会对宝宝的食欲和牙齿造成伤害。蔬菜与水果相比,蔬菜的量要更大些,因此蔬菜是平衡膳食中的重要组成部分,是必不可少的。

5. 绿色、橙色蔬菜营养更独特

在蔬菜中应有一定比例的绿色、橙色蔬菜。菜的颜色越深、越绿,维生素的含量越高,如油菜、小白菜、生菜、菠菜、青椒等含胡萝卜素、维生素 B_2 较多。橙色蔬菜有胡萝卜、西红柿、红薯、南瓜等,它们含有较多胡萝卜素。胡萝卜素是绿橙色蔬菜中的一种植物色素,它在人体内转变成维生素 A,具有重要生理作用。食物中的维生素 A 一般主要来源于动物性食物和鱼肝油,如肝脏、蛋黄。吃奶量比较少时,可以多让孩子摄入一定量物美价廉的绿橙色蔬菜。

二、餐桌上的良好品德

吃饭这一场景对孩子来说,是互动的好场合,可以帮助孩子认识事物和学

习语言，增强孩子对进食的兴趣，锻炼和培养孩子的独立能力和自信心。

1. 不要剥夺孩子学习吃饭的机会

一些家长担心让孩子自己吃，弄得哪儿都是饭，太脏了，还是大人喂饭干净点儿。喂养人在孩子抓碗或勺的时候往往会把孩子的手挪开，从而剥夺了孩子在吃饭时得到学吃的机会。10个月以上的孩子手指活动能力和手眼协调能力进一步增强，随着孩子自己进餐愿望的增强，家长应不失时机地让孩子放开手，通过示范、模仿和不断反复练习来学习自己吃饭。

2. 餐桌上和孩子的交流

喂养不是单纯的父母给孩子喂吃的一种做法，而是一座桥梁，达到与孩子精神上的交流，语言上的鼓励，同时营造出一个良好的吃饭环境。家长首先要学会看懂孩子的饥饿或吃饱的种种表现，用积极的口头或目光鼓励孩子进食。当不如意时，千万不要着急，避免强迫进食现象的发生。避免以利诱的方式叫孩子吃饭，要了解孩子的心理和进食规律。

特别提示：不要把食物作为一种奖赏

不要让孩子以“吃饭”这件事当做交换条件，这样会使吃饭变得更加困难并造成孩子心理的障碍，也不要把食物作为一种奖赏，不要用贿赂的方式让孩子吃饭。如果你的孩子开始用吃东西来取悦你的话，那么他吃饭的目的就开始出现偏差，而且会升级到不合理的程度。

3. 宝宝的吃饭要与成人“同步”了

宝宝10个月之后会经常要求“自己吃饭”。当然，这句话不是他亲口说出来的，而是用行动表现出来的，只要他自己拿着勺子自己吃饭，他就会表现出非常高兴的样子。实际上，宝宝在出生后10～12个月已进入辅食添加的后期，要求“自己吃饭”是很自然的。在这个时期，宝宝体内每天所需摄入的能量和各种营养素主要来源于一日三餐。此时，宝宝也进入了最后的断奶期，经过这一转折时期，宝宝的食物选择和喂养时间都要与成人“同步”了(表6-1)。

表 6-1 9～12 个月婴儿喂食的次数与量

分　类	9 个月	10～12 个月
母乳或配方奶	每日 2～4 次或 500～600 毫升	每日 2～3 次或 400～600 毫升
强化铁谷物(干)	8～10 汤勺，多样化，与配方奶混合	10～12 汤勺，多样化，与配方奶混合
水　果	2～4 汤勺，泥糊状，每日 2 次	2～4 汤勺，泥糊或片状，每日 2 次，
蔬　菜	2～4 汤勺，泥糊状，可以咬的颗粒大小，每日 2 次	4～6 汤勺，泥糊或固体，可以咬的颗粒大小，每日 2 次
肉和蛋白食物	2～3 汤勺，嫩、剁烂，每日 2 次	2～4 汤勺，细、剁碎，小块肉及奶酪，每日 2 次
果汁、强化维生素 C、	60～120 毫升，用杯饮用	60～120 毫升，用杯饮用
淀粉类食物		1/4～1/2 碗土豆泥、空心粉、面条、面包，每日 2 次
零　食	饼干、烤面包片、酸奶、煮熟的青豆、手指抓取食物	饼干、烤面包片、酸奶、煮熟的青豆，奶酪、冰淇淋，布丁，干的粮食类食物、手指抓取食物
发　展	多一些餐桌食品，确保食物质量和品种多样化	变化餐桌食品，可以自己使用勺和碗吃饭

三、辅食的安全制备和储存

1. 辅食家庭制作的基本原则

自己给孩子做食物，成本会低些，花样会更多而且安全。自己给孩子做食物，很容易知道并控制孩子的进食。在家中做婴儿食物，必须注意儿童的生理特点和营养需要，例如食物要软硬适度，干稀适度。在 8 个月以前，孩子吃的多是糊状食物，先是蔬菜，再是水果，最后加肉类食物。在 8 个月以后，饮食转向吃固体食物，要及时增加饭菜的质量。如果把饭菜煮得时间太久，它的营养成分就会被破坏掉。饮食卫生是家庭制作辅食的最重要的环节，做饭时父母应洗

手，餐具、碗筷要清洗干净。

2. 现做现吃

给孩子在家做辅食比较科学的方法是，多次、少量、现做现吃。宝宝刚开始添加辅食时，量比较小，所以在制作辅食的时候，会有一些麻烦。为了方便些，也可以把生食（比如鱼、肉等）切成小块分别用保鲜袋装起来，冻在冰箱里。在吃时，只取出一小块给孩子做，而不是冻一大块，然后都做了，放在冰箱里分顿给孩子吃。其实，冰箱并不是安全的，细菌仍然可以在冰箱里繁殖。食物从冰箱取出后如果过了一小时再重新放在冰箱里，食品被污染的可能性会大大增加。

3. 孩子习惯不加食盐和调味品的食物

孩子9、10个月时开始频繁接触大人的饭菜，因此有些咸味和调味品是很自然的。但婴幼儿食品应为温和清淡的味道，不宜过咸过甜，不宜用成人的口味和喜恶来判别，宝宝的饭菜让大人尝一尝会觉得没味道，很难吃，其实这正是宝宝已经习惯并且最适宜的美味食品。家长们应懂得小儿在接触新食物时，也正是饮食习惯培养的开始。一旦宝宝过早习惯了较咸或调味品较多的成人食品，宝宝对以后清淡的儿童饭菜就再也不感兴趣了。

4. 多大的宝宝才可以加盐

小婴儿由于从未接触过食盐，因此他不知道咸味是什么？随着宝宝月龄的增长，9、10个月在添加辅食的时候可以适当地加一些盐，尤其是天热的时候宝宝汗出得很多的时候，添加盐来补充矿物质是有益的。1岁的孩子一点盐都不碰也会影响宝宝味觉的发育和营养的需求，但要记住宝宝和成人的口味不一样，有的成人口味特别重，用成人的标准来判断加盐的量肯定是不行的。

一、常见问题

1. 孩子晚餐是否也应少吃

安排成人一日食谱时晚餐宜少吃，但对于一个正处在生长发育旺盛时期的

孩子来说，不论身体生长还是大脑发育均需大量的营养物质来满足需求。由于孩子的饮食比较简单，若晚餐再吃得太少太差，在晚餐和次日早餐时间隔十几个小时里很可能会出现蛋白质——能量的缺乏，长此以往，就会影响孩子的发育生长。对于营养状况不太好的孩子，家长更应重视孩子的晚餐，利用提高晚餐质量来改善孩子的营养。但对于体重已经超重，甚至发胖的大孩子，坚持“晚餐吃少”的原则是正确的。

2. 和家人一起吃饭应注意什么

大约10个月时，孩子的饮食兴趣开始从糊状食物转向成块的食物，但这些食物最好还是剁碎或者柔软些。吃饭时如果他已经对食物不感兴趣想要离开餐桌的话，可以按照宝宝的要求让他离开一会，不要强迫他坐回餐桌把饭吃完，反正下一餐他可能会吃得比较多，把不足的补回来。和家人一起吃饭时尽量减少给孩子帮忙的次数，孩子很快就会“照顾”自己了。

3. 孩子半岁后母乳照样有营养

对母乳喂养的最新观念是母乳喂养无上限，只要宝宝想吃多久就喂多久。母乳一直是富有营养的。随着年龄的变化，母乳的外观和内在成分会有相应变化，以适应宝宝生长发育的需要，但其营养价值仍毋庸置疑。因此，在添加辅食的情况下仍然应坚持吃母乳，并可以一直吃到第二年。这个时期，如果每日还能吃到500毫升母乳，大概能够满足孩子热量与蛋白质每日需要量的30%～40%，维生素A需要量的45%，维生素C需要量的90%。

4. 宝宝一岁前流口水属正常

我们先来看看口水是怎么来的，它有什么作用。人体口腔内在表面光滑的黏膜下藏有耳下腺、舌下腺及颌下腺三对分泌口水的腺体，统称唾液腺。唾液腺分泌出来的唾液由腺体管道送到口腔中。你可别小看了这些口水，它可使我们的口腔保持舒适性的湿润、帮助清洁口腔、润滑食物使其易于吞咽。同时口水中含有很多酶，有的有消化的作用，有的还有杀菌作用。唾液腺随时都在分泌，它的分泌是呈波动性的。进食时或口腔中有东西时会分泌较多，紧张时分泌较少，肠胃不适时会分泌较多，白天较多，睡眠时较少。

5. 宝宝口水过多是怎么回事

唾液虽然不断在分泌，不过，人体也不自主的一直在吞咽这些口水。所以，在正常的情况下，大些儿童的口水不会溢到外面来。婴儿在2～3个月大以后开始会分泌较多的唾液，而他们吞咽的能力尚未发展成熟，往往来不及完全吞下分泌出来的唾液，因而口水容易往外溢流。

宝宝流口水也应引起家长的关注，有时小毛病却隐藏着大问题，如果口水过多，孩子应当避免吃太多甜食和含糖多的水果，不要轻易挤压孩子的颌面部。如果口水突然增多或减少，也要警惕咽喉或其他部位出了问题，这就需要看护者细心观察，才能正确地解读流口水的意义。

6. 如何改掉宝宝一边吃一边玩的习惯

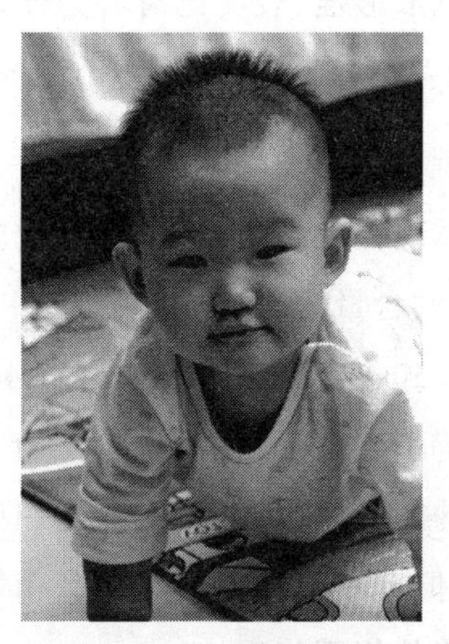

宝宝10个月了，吃饭的时候总是手里要拿一个玩具，而且玩了一会儿就要换一个，有时吃到一半就不好好吃了。有经验的家长在这种情况下往往会给一个10个月龄的宝宝使用吃饭的餐椅，把宝宝放在餐椅里面然后去喂饭。不应当在宝宝进食的时候看电视，做游戏，拿玩具，这会把宝宝吃饭的注意力分散到玩具上面，吃饭的兴趣会大大降低，这对1岁以后宝宝的良好饮食行为非常重要。

二、生理与营养学知识

1. 儿童到底该不该吃些脂肪类食物

婴幼儿时期，大脑的迅速发育尤为突出。大脑发育需要的营养物质，按其重要性排列，脂肪排在第一位。从大脑的结构来看，大脑有上千亿个脑细胞和数不清的神经纤维，它们的主要物质来源就是脂肪，一些脂肪是构成细胞膜和神经髓鞘的主要成分。成人膳食中脂肪所提供的能量应占总能量的25%～30%，而母乳中脂肪所提供的能量却占到50%，就是因为婴儿的脑及智力发育

需要更多脂肪。有些儿童皮肤干燥，容易发生湿疹，这与脂肪摄入较少也有关。儿童在视觉的发育过程中也离不开一些必需脂肪酸，因此婴幼儿不宜过分限制脂肪摄入。

2. 胡萝卜的科学制作

可将胡萝卜切成片状或丝，加入调味品后，用足量的油炒，使其中所含的脂溶性维生素溶出。也可将胡萝卜切成块，加入调味品后，与猪肉、牛肉、羊肉等一起用压力锅炖15～20分钟。胡萝卜应烹煮后食用，不要生吃，用水煮或清蒸都得不到应有的营养效果，但可以得到其中的维生素C。在选购胡萝卜时，以选择色浓形佳、表皮光滑者为佳。

3. 牛初乳的概念

所有雌性哺乳动物产后2～3天内所分泌的乳汁统称初乳。初乳的特殊性首先体现在化学组成上，与普通乳汁相比，初乳蛋白质含量更高，脂肪和糖含量较低，铁含量为普通乳汁的10～17倍，维生素D和维生素A分别为普通乳汁的3倍和10倍。根据研究显示，24小时以内采集的初乳，所含的蛋白质和免疫球蛋白特别丰富，而且富含自然合成的天然抗体，能增强人体免疫力。这种蛋白在人的初乳里也存在，但种类和比例略有不同。牛初乳不能完全代替人初乳的功效，但有一定的辅助作用。市场上有些牛初乳并不是真正意义上的初乳，因此营养价值不肯定。

三、食谱及制作方法

1. 虾仁菠菜卷

原料：菠菜1棵，虾仁2个，酱油、紫菜少许。

制作方法：将择洗干净的菠菜放入开水锅中焯一下捞出，挤去水分，切成碎末；把洗净的虾仁去虾线后切碎，与菠菜末放在一起，加少许酱油、香油后混合拌匀；再用紫菜将菠菜虾仁馅卷成卷，并切成小段，上火蒸15分钟即可出锅食用。

2. 奶味软饼

原料：面粉200克，黄豆粉20克，牛奶40克，鸡蛋1个，盐少许。

制作方法：将黄豆粉用凉水稀释后，充分加热煮沸，略放凉，再将沏好的牛奶倒入，并磕入鸡蛋，调匀备用。将晾凉的豆奶蛋汁倒入面粉中，加入适量细盐和水，充分调匀使成糊状。平锅加热后放点油，将面糊摊成软饼即成。

3. 牛肉胡萝卜土豆汤

原料：研碎胡萝卜末2勺，土豆末2勺，牛肉汤4勺，色拉油和番茄酱少许。

制作方法：先把锅置火上加热，放入少许色拉油待溶化；将研碎的胡萝卜末放入锅内煸炒数下，再放入煮熟研碎的土豆泥一起煸炒片刻，然后加牛肉汤和少许番茄酱，混合一起搅拌均匀成糊即可。

4. 菠菜鸡蛋粥

原料：菠菜2根，鸡蛋1个，米饭5勺(约100克)。

制作方法：将菠菜洗净切成小段，放入锅中，加少量水熬煮成糊；取出煮好的菠菜，以汤匙压碎成泥；将鸡蛋置于水中煮熟，取蛋黄，以汤匙压碎成泥；米饭加水熬成稀饭，然后将菠菜泥与蛋黄泥拌入即可。

四、10～12个月婴儿喂养及营养学评估

1. 体重、身高增长

第10～12个月每月增长约350克。1岁时体重为出生时的3倍，约10.5千克。身高每个月增长1.4厘米，1岁时平均为75厘米。

2. 喂养评估

评估内容、评估结果见表6-2。

表 6-2　10～12 个月婴儿喂养评估

分　类	评估内容	评估结果		
		差	中	优
母乳或配方奶	次数或量	无母乳或配方奶	2 次或 200～400 毫升	400～600 毫升
辅　食	次数或量	未添加	1～2 次/日	3～4 次/日
辅食的质量	开始吃普通家庭饭菜	无	偶　尔	日　常
	每日都有少量动物性食物	无	偶　尔	日　常
	注意添加油或脂肪	无	偶　尔	日　常
	是否有强化食品	无	偶　尔	日　常
	绿色蔬菜的量是否充足	无	少　许	充　足
喂养行为	用奶瓶喂养	完全用	较　少	停　用
	用杯子、勺子喂奶或辅食	无	偶　尔	常　用
	强迫孩子吃饭	经　常	偶　尔	无
	鼓励孩子吃饭	无	偶　尔	经　常
	孩子吃饭高兴	不高兴	偶　尔	高　兴
零　食	数　量	随时吃	2 次以上	0～2 次
患病及患病时喂养	近 1～3 月内患病次数	多　次	1 次	无
	患病时是否禁食	是	部　分	不禁食
	患病后是否增加额外食物	不增加	少　许	增　加
	是否注意食物和饮水清洁	不	有　时	很注意

第七章　1 岁孩子的膳食选择

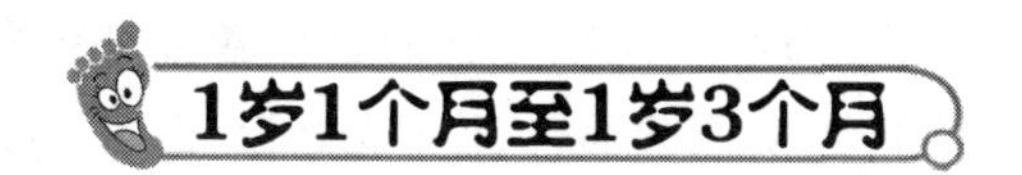

开头语：

影响儿童营养状况的好坏有两个关键时期，一是出生 6 个月内的母乳喂养，另一个是 6 个月至 2 岁期间的辅食添加。因此，母乳喂养和辅食添加是一个统一的连续的过程，两个关键时期都应做到科学喂养。

积极的喂养行为，遵循社会心理的原则。帮助大些的孩子进餐，进餐时应鼓励，慢而有耐心，不可强迫。

——辅食添加 10 原则之六(WHO/UNICEF,2002)

喂养参考标准：

普通家庭饭菜，3～4 次/日，粮食 100～150 克，肉、鱼、蛋 50～80 克，牛奶或豆浆 250 毫升，蔬菜 150 克，水果 0.5～1 个。每周添加 1～2 次肝脏或动物血 25～50 克，零食 1～2 次/日。保证所需热量 1 000 千卡/日，蛋白质 35 克，钙 600 毫克，铁、锌各 10 毫克，以及各种维生素。

指　南

一、1 岁的孩子应该吃什么

有时当孩子对你准备的食物不屑一顾时并不是真正拒绝你，这时不要急

忙把准备好食物拿走，但千万不要强迫，你越强迫他吃饭，他越没有顺从的可能。

1. 如何满足1岁宝宝的营养需求

1岁婴儿膳食需要量包括能量需要量900～1 000千卡(相当于妈妈每日膳食摄入的1/3～1/2)，营养素需要量铁10毫克，锌10毫克，钙600毫克。这些营养物质可以通过一日三餐和一两次零食的合理膳食来获取。一日食物摄取包括谷物(6份)：相当于30克强化面包，120克米饭/面条。蔬菜(3份)：相当于120克生菜，或240克绿叶蔬菜。水果(2份)：相当于1片瓜、果，100克纯果汁，60克干果。奶(2份)：相当于340毫升奶或酸奶，或60克奶酪。瘦肉(2份)：相当于60～120克熟肉、禽、鱼，或120克豆制品。

2. 从辅食向成人饮食的过渡

孩子1岁后的头几个月已进入"辅食结束期"，即宝宝的主要营养摄入已不是通过母乳或牛奶，而是基本接近成人的饮食。当然，因为每个宝宝都存在着不同的差异，在辅食喂养的最后阶段，爸妈可以让宝宝坐在专用的餐椅上，和成人一起用餐，尝试吃家庭普通饭菜。这对于宝宝进入正常的幼儿期饮食来说，是个很好的铺垫。一岁以后过渡到吃成人饭时仍可继续母乳喂养，如果断了母乳，而配方奶或其他乳类对于孩子的营养仍然很重要。

3. 变换口味让宝宝有更多选择

最有效的方法是在每次吃饭时，同时准备几种有营养的食物，尽可能变换口味并保持营养，让孩子来选择他想吃的食物。如果他仍拒绝吃任何食物，你可以暂时收起这些食品，但一定不要在饭后直至下一餐之前的一段时间里再给任何食物，包括一小块饼干或是水果，让宝宝出现饥饿感，是解决这一问题的最有效办法。任何小的犹疑或是放弃，都会使孩子不好好吃饭这一难题长时间拖下去。

特别提示：普通家庭饭菜是孩子获得丰富营养的来源

1岁后，应该学着吃家庭普通饭菜，在每天的饮食中饭菜尽可能多样化，饭菜要比以前硬一些，两餐的间隔时间适当拉长。如果此阶段仍以喂奶或糊状食品为主，孩子就不会对家庭饭菜感兴趣。孩子在1岁至两岁期间，成长速度会放缓，吃的东西也少一些。他们会长高，四肢拉长了，看起来似乎瘦了，这是正常现象。

4. 不要浪费宝宝的胃口

随着孩子饭量的减少，1岁孩子饭菜的质量似乎比数量更为重要，对于每一口食物，都要注意其中的营养价值，而不仅仅是让孩子多吃一点东西。例如糖果、果汁、饼干、单一的稀粥或面食等仅含有较低的热量，也容易产生饱感，但缺乏孩子生长所必需的许多营养素。因此，这些食物食用过多实际上是在浪费宝宝的胃口。孩子饮食的质量既包括食物所含能量，同时又包括食物所含各种营养素的量及其生物利用度。一些奶制品、植物坚果和禽、肉等食品营养价值就很高。对于生长缓慢的宝宝，不妨在饭菜中加一些植物油或动物油和肉类。

二、1岁孩子吃饭时可能出现的问题

1岁生日以后，孩子突然对吃的食物十分挑剔，发生这种变化的原因之一是随着孩子生长速度减慢，不需要再像以前一样每天都在不断增加食物的数量了。

1. 吃饭的时间少了

宝宝到了1周岁时或许就已经开始对学习走路的兴趣大过于吃饭的兴趣了。他身边的每件事情都会吸引他的注意力，因此他对食物的兴趣会有所下降，没有时间去吃饭。这时想要一个刚刚学会走路的孩子安定下来实在是件不容易做到的事。如果家长期望他会长时间地坐下来吃饭，他会反抗到底。这时你所能做的就是要提供固定的就餐时间和地点，准备好健康、开胃的食物，以后的事情就由孩子自己来决定是否要吃及吃多少。如果他这顿饭没有吃多少，他

会在下一顿或一段时间后由于饥饿而把以前的损失补回来。

2. 不愿意停止使用奶瓶

1 岁以后的幼儿要完全丢掉奶瓶，只要他可以用杯子喝水，就再也不需要用奶瓶喂奶。但戒掉奶瓶有时不是想象的那么容易。为使事情进展顺利，首先午餐不要用奶瓶，然后再发展到晚上和早上不用，最后是夜间也不用奶瓶。夜间睡眠困难或者总是醒来的孩子，最容易养成用奶瓶安慰的习惯。实际上夜间用奶瓶喂养的安慰性因素大于营养因素，久而久之奶瓶就变成了孩子的依赖。这个年龄的孩子夜间不需吃喝任何东西，所以要逐步停止这个习惯，但前提是白天一定要让宝宝吃饱。如果他仅仅哭喊一小会儿，就让他伴随哭声重新入睡，几个夜晚之后，他就有可能完全忘记奶瓶了。

3. 吃饭时候的坐姿有讲究

随着和成人一起用餐机会的增多，爸妈可以让宝宝坐在专用的餐椅上，在吃饭的时候，要有固定的位置，而且要保持良好的坐姿。吃饭时使用低桌低椅不利于孩子的进食与消化。一般坐式比蹲式更科学，高桌高凳比低桌低凳更科学。避免蹲着吃饭、躺着吃饭。吃饭时不可狼吞虎咽，一边吃饭一边玩玩具，一边吃饭一边看电视，这样既影响食欲又不利于食物的消化。

4. 学吃大人饭，不能操之过急

孩子 1 岁后逐步学会与其他家庭成员一起吃家庭饭菜的大部分食物了，但孩子的饮食仍应与大人饮食有区别。1 岁后学步的孩子在吃小而坚硬，足以阻塞孩子呼吸道的食物时，幼儿可能出现窒息，所以确信你给他吃的任何食物都要弄成小而容易咀嚼的碎片。不要给他花生、葡萄、整块或大片的肉片和坚硬的糖果等，胡萝卜应该顺长切成 1/4，然后切成小块，不要边吃边玩。孩子在吃饭

时常常不顾冷热地进食，因此你要亲自检测一下食物的温度。1岁后学步的孩子吃饭一定要在成人监护下进行。

三、1岁孩子的进食规则

1. 不要期望一次吃太多的食物

1岁大的孩子会很快就饿了，这时他会变得烦躁和易怒，这是十分正常的。一天之中，他最好可以吃5顿饭，其中包括1～2次健康零食加餐。每一次给孩子的东西不要太多，否则下一餐就没办法再吃了。一次给他太多的东西只能让他感到有压力，如果孩子拒绝吃东西或扔食物，他其实是在用这种方式告诉你他已经吃饱了或暂时对吃饭不感兴趣。此刻，你应把孩子从餐桌抱开而不是要劝说他再多吃一点东西，否则他会对你的做法表示反抗。

2. 帮助孩子断奶

一岁以前，让孩子尝试和逐步熟悉用奶瓶喂配方奶可以帮助孩子渡过断奶期的困难。如果孩子知道妈妈就在身边，自己能吃到母乳，他是不会吸奶瓶的。所以，不要让母亲抱孩子用奶瓶喂奶。尽可能让奶嘴的形状和硬度与乳房相似，奶瓶奶嘴的温度也要与体温差不多，还可以把奶瓶乳头在母亲睡衣里放一会儿，使奶瓶乳头有母亲的体味。在奶瓶里放些母乳或在奶嘴上涂一点母乳而不是奶粉。可以在孩子中等程度的饥饿时，用奶瓶喂奶，而不是等到他特别饿的时候再喂奶。不要把奶瓶奶嘴强行塞入婴儿嘴里，可以把奶瓶奶嘴放在靠近孩子嘴的地方，很自然地，他就会吮吸。

3. 习惯大人吃饭的规矩

大约1岁时，孩子开始会用拇指和食指抓东西，这使得他可以抓住小的食物，慢慢地自己吃。这时的孩子与过去相比更加自立，他很容易接受新的口味。到1岁时，只要食物无害，孩子可以吃大人吃的绝大多数食物。你可以把宝宝的高椅放到餐桌旁，增加与家人一起吃饭的次数。由于孩子的模仿能力极强，能很快接受家人对食物的态度以及吃饭的规矩，这也是他们学习社交和培养良

好行为的最好时机。

4. 固定的就餐地点

在开始学习吃饭时就应让孩子在一个固定的就餐地点吃饭，如在高椅里，在厨房里，环境要安静些，不要在看电视的时候或是在房间里边玩边吃。在正常的就餐时间让你的孩子和你们坐在一起，不管他吃得有多少，让他知道应该在饭菜准备好的时候吃饭，而且必须在他坐着的时候吃饭。千万不要陪他在玩中吃，比如他一边走，你一边追着喂，这样对吃饭会变得比较困难。当然，要做到这一点的前提是孩子在饭前必须有饥饿感，有吃饭的欲望，这样大多数吃饭问题就会迎刃而解。

特别提示：让孩子选择吃什么、吃多少

根据孩子饥饿的情况，在愉快的氛围中提供足够的食物。根据孩子满足的信号，及时停止喂食。提供各种符合孩子进食技能的营养食物，让孩子选择吃什么、吃多少。相信孩子会根据自身的需求来调控所需的食量。总之，家长要掌握一条黄金进食规则：家长负责喂什么、什么时候喂、在哪里喂，孩子负责吃多少、是否吃饱。

5. 孩子知饱知饿吗

在孩子的大脑中都具有“饱感中枢”，当进食20分钟左右，它会自然地告诉你是否吃饱了。而父母强迫孩子进食，或千方百计哄孩子进食，鼓励孩子快速进食，不分时间、场合地给孩子食物都会干扰孩子自身的调节系统，从而使他失去食欲，不知饥饱，让吃饭变成“任务”，失去吃的乐趣。

6. 为什么宝宝不喜欢吃蔬菜

蔬菜味道苦涩，这就要靠烹饪方法来解决问题了。蔬菜通常与脂肪、酱油或盐一起烹制。可以用炒、炸、烤或炖的方法来烹饪蔬菜。加入脂肪、糖或盐是一种将苦味降至最小的非常有效的方法。当然，加入糖或脂肪也增加了能量密度。但主要的还是蔬菜应该有好的口味，一些菜中苦涩可以通过与其他食物的调配来去除。此外，改变蔬菜的外观和形状，与其他食物的合理搭配也是方法

之一。

爱心门诊

一、常见问题

1. 孩子吃饭时，家长应注意哪些问题

家长应注意孩子是否饿了，给他吃的东西他是不是喜欢吃，吃饭的时候是不是老有分心的事，比如刚玩一个玩具，还没有玩够，屋里有人走动，有大的说话声等。吃饭时座位好不好，喂时方便吗，喂饭的人心情是否紧张，老是催促会使他“讨厌”吃饭这个事。

2. 新鲜的水果与果汁哪个好

因为果汁的主要成分是糖分，而水果本身却含有大量的纤维素和其他营养成分，所以对于大一些的孩子来说新鲜的水果比果汁要好。给你的宝宝吃切成小片新鲜多汁的苹果或美味湿软的香蕉，让宝宝用手抓着吃，你要有心理准备，因为他会弄得到处都是。

3. 鸡蛋有哪些营养价值

鸡蛋是一种营养均衡的食品，1 岁后孩子的饭菜中少不了整个鸡蛋了。它是一天当中任何时候都可以供应的美味食品，而且没有会让孩子噎着或窒息的危险。不要担心胆固醇的问题，宝宝比你需要更多的胆固醇。做一些小一点的鸡蛋饼，然后切成正方形或长条形，让孩子抓着吃。有些宝宝或许会对蛋白过敏，这样可以把吃蛋的时间再往后推迟一段时间。而每天吃两个鸡蛋或更多，这样会挤掉其他营养食物的份额。

4. 1 岁的孩子是否需要额外补充营养

一般健康儿童不需要补充超出饮食以外的维生素和其他营养素。大剂量的维生素会引起中毒症状，例如大剂量维生素 A、维生素 C 和维生素 D 会引起恶心、出疹或头痛等中毒症状，有时会带来更为严重的副作用。对某种矿物质的大量补充往往会影响到其他矿物质的吸收。但在一些情况下，比如孩子生长

过快，饮食比较单一，出现明显营养缺乏的表现时，就需要给孩子补充必要的微量元素或维生素，但给孩子积极改善饮食结构始终是第一位的，从食物中提供充足的营养物质既安全又效果长久。

5. 1岁的宝宝应该会咀嚼和吞咽

咀嚼、吞咽这些能力都是通过平时不断让宝宝吃颗粒较大而且有一定硬度的食物练就的，如果宝宝总是停留在吃泥糊状食物，他的这种能力就不会得到发展。宝宝6个月左右就逐渐进入学习咀嚼和吞咽的敏感时期。在这一敏感阶段，宝宝比较容易接受咀嚼和吞咽的进食训练，比如让孩子咬一咬烤面包片或是切成条状的黄瓜条。在一两周，甚至在一两个月之内，宝宝在吃这些食物时会不时出现恶心、呕吐的情况，一般在父母的帮助下，很自然就度过这一时期，慢慢变得吃喝自如了。如果家长在宝宝偶尔出现恶心、呕吐的情况时，过度担心，不能坚持，半途而废，那么，宝宝将会比较长时间地停留在只能吃流质食物的水平上。

6. 1岁的孩子每日吃多少奶为宜

1岁的孩子已经基本完成辅食添加的几个重要阶段，这时的孩子应当具备吃好一日三餐的能力。不论是母乳还是配方奶在这一时期仍是必需的，其营养价值和孩子容易接受的程度都是最理想的。因此不要因为吃饭多了就不再吃奶。这时孩子的吃奶量应当以不影响一日三餐为原则，一般的宝宝大概保持在600毫升左右。三餐后，入睡前都可以多喝些奶。如果此时仍过度依赖母乳或是配方奶，孩子吃饭一定会受影响。

二、生理与营养学知识

1. 如何理解营养这一概念

人类从外界摄取各种食物，经过消化、吸收和新陈代谢以维持机体的生长、发育和各种生理功能，这一连续过程就叫营养。一个人生命的整个过程都离不开营养。食物中能被人体消化、吸收和利用的有机和无机物质称为营养素。目

前所知，人体必需的营养素有40种以上，归纳起来主要可分为碳水化合物、脂类、蛋白质、矿物质、维生素及水六大类。

2. 蔬菜的营养特点

蔬菜含有丰富的维生素。在我国目前的膳食结构中，机体所需的维生素A和维生素C绝大部分是由蔬菜提供的，此外蔬菜和水果还含有少量的B族维生素。多数绿叶蔬菜都含有较多的钙、铁，但由于受食物中一些因素的干扰影响，吸收率不高。蔬菜中的钙、铁、镁、钠、钾等在生理上是碱性物质，可以中和体内产生的酸性物质，有利于儿童健康。一般蔬菜的含糖量少于水果，蔬菜是膳食纤维的主要来源，虽然不为人体所消化，但具有特殊的生理功能。

3. 蔬菜的叶、茎、根及其果实

蔬菜的种类很多，有的是植物的叶，像一切叶菜类，如油菜、菠菜、小白菜、大白菜等。有的是植物的茎，如芹菜、莴苣。有的是植物的根，如萝卜、红薯等。有的是植物的花，如菜花、黄花等。有的是植物的果实，如冬瓜、茄子、西红柿。有的是植物的种子，如鲜豌豆等。它们都是植物的可以吃的部分，不同生长部位的蔬菜营养价值有所不同，选择是应当经常变换种类，合理搭配。

4. 水是人体必需的营养素

水是人体所需六大营养素之一。将自来水烧开后，冷却到25℃～35℃，此时水的生物活性增加，最适合人的生理需要。由于少年儿童生理代谢迅速，对水的需求量相对要比成人多，同时由于幼年期肾脏功能还发育不健全，因此饮用白开水对孩子的健康最为适宜。不管是碳酸饮料、营养保健型饮料，还是纯净水和矿泉水，都不宜代替白开水作为儿童的主要饮用水。

三、食谱及制作方法

1. 什锦豆腐

原料：猪肉末3勺，豆腐3勺，海米汤3勺，研碎木耳3勺，白糖和酱油少许。

制作方法：把洗干净的豆腐放入热水中烫一下捞出，用勺研碎。然后把肉

末和碎木耳加海米汤放入锅内上火煮一会儿后，加入切碎的豆腐，稍煮片刻，放入适量盐和酱油即成。

2. 清蒸鱼丸

原料：鲜鱼肉1勺，淀粉2勺，鸡蛋白2勺，剁碎胡萝卜2勺，莴笋丝2勺，香菇丁2勺，酱油少许。

制作方法：洗净去皮骨的鱼肉研碎放入鸡蛋清和淀粉，用手拌匀做成小丸子，放入盘里上火清蒸20分钟左右停火；将胡萝卜洗净研碎，把去皮洗净的莴笋切成细短丝，将用水泡发的香菇切成小丁加入海味汤浇在蒸熟的丸子上即可是食用。

3. 牛肝拌西红柿

原料：牛肝50克，西红柿1个，洋葱1/4头，胡萝卜1/2个。

制作方法：将肝外层薄膜剥掉之后用凉水将其血水泡出，将牛肝煮熟之后捣碎；西红柿用沸水烫一下，随即取出去皮并捣碎；将捣碎并蒸熟的洋葱、胡萝卜与牛肝和西红柿一起拌匀即可。

4. 肉末菜心卷

原料：猪肉末100克，卷心菜100克，净葱头20克，植物油20克，酱油、精盐少许。

制作方法：将卷心菜用开水烫一下，切碎；葱头切成碎末待用；将油放入锅内，热后下入肉末煸炒，加入葱姜末、酱油搅炒两下，再加入切碎的葱头、水，煮软后再加入卷心菜稍煮片刻，加入精盐，用水淀粉勾芡即成。

四、1岁1个月至1岁3个月幼儿喂养及营养学评估

1. 体重、身高增长

男童，体重：10.7～11.2千克，身高：76.2～79.4厘米。

女童，体重：10.3～10.8千克，身高：74.6～77.8厘米。

2. 喂养评估

评估内容、评估结果见表7-1。

表7-1　1岁1个月至1岁3个月幼儿喂养评估

分　类	评估内容	评估结果		
		差	中	优
母乳或配方奶	次数或量	无母乳或配方奶	过多,600毫升以上	适量,300～500毫升
辅　食	次数或量	未添加	1～2次/日	3～4次/日
辅食质量	粮食(粗、细粮)	少于50克	50～80克	100克左右
	肉、鱼、蛋	少于20克	20～50克	50～80克
	是否有强化食品	无	偶　尔	经　常
	绿色蔬菜的量是否充足	无	少　许	充　足
喂养行为	用奶瓶喂养	用	经　常	停　用
	用杯子、勺喂奶或辅食	偶　尔	经常	完　全
	鼓励孩子吃饭	无	偶　尔	经　常
	孩子吃饭高兴	不高兴	偶　尔	高　兴
零　食	数　量	随时吃	3次以上	1～2次
患病及患病时喂养	患病时是否禁食	是	部　分	不禁食
	患病后是否增加额外食物	不增加	少　许	增　加
	是否注意食物和饮水清洁	未注意	有　时	很注意

第八章　宝宝的胃能撑下多少东西

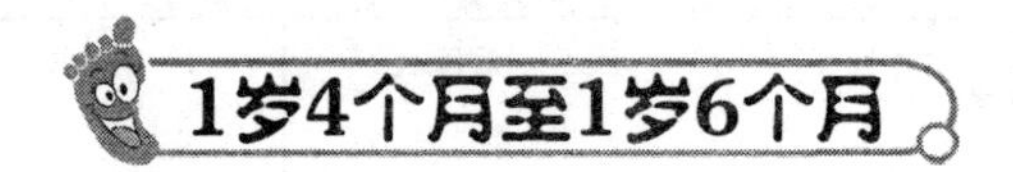

开头语：

这个年龄的孩子往往对自己要吃的食物十分挑剔，调整好家长自身的期望值，不要强迫你的孩子吃掉太多的东西或硬性规定他必须吃完自己盘子里面的食物。

12～23月增加有营养的零食，如水果，带花生酱的饼干，每日1～2次。零食应在两餐中间吃，不影响下一餐饭。

——辅食添加10原则之七（WHO/UNICEF，2002）

喂养参考标准：

早餐：配方奶或牛奶200毫升，肉末菜粥（大米35克、肉末15克、白菜20克）。

午餐：软米饭（大米50克），虾皮豆腐丸子（豆腐25克，虾皮5克，蒜苗5克，植物油5克），西红柿鸡蛋汤（西红柿25克，鸡蛋25克，香油3克）。

晚餐：肉菜包子（面粉50克，肥瘦猪肉25克，小白菜35克，植物油5克），红小豆粥（大米15克，红小豆5克）。

零食：1～2次，牛奶100～200毫升，饼干1块，水果1/2个。

指 南

一、面对吃饭挑剔的孩子

1岁的宝宝发育速度,此时他的胃口增长却不如以前了,宝宝似乎开始对吃什么东西都不感兴趣。所以,用健康美味的各种食物来推动他的食欲显得比平时更重要。

1. 有时挑食是正常现象

这个年龄的孩子通常会只吃一样他最喜欢的食物,而且可以连续几天的时间里只吃这一样东西。这种挑食其实是正常的,不要太过担心。如果你的孩子选择吃的东西是有营养的,那么他想吃多久都没有关系。不过,你还是要每次都给他一点别的食物,让他逐渐熟悉新食物的质地和味道。一般来说,对于这么大的孩子,在你为他准备某一种食物反复几次之后,他才会开始接受它,所以在最初被孩子拒绝了一两次后不要灰心,不要停止尝试。

2. 调整好家长的期望值

宝宝自己最知道自己需要吃多少,如果没有外力的强迫,他会正常进食的。有些情况不属于偏食,如果家长把问题看得太严重,反而会把事情弄得复杂了。面对食欲不太旺盛、吃饭态度比较消极的孩子,要有耐心,随时调整好家长的期望值。随着宝宝年龄的长大,他的心理、行为都会随之发生变化。强迫他吃东西只能导致争执,而家长是不可能赢的,而且从长远来看,这样做的结果有可能导致他长大后的饮食行为出现问题。

3. 帮助偏食的孩子找原因

如果父母期望孩子吃他们认为最应该吃的食物,采用的方式或是强逼或是诱惑,在不经意之间会让孩子养成了偏食、挑食的坏习惯。有些父母爱挑选那些他们认为最好的最有营养的食品给孩子吃,这种挑挑拣拣的做法给孩子留下深刻的印象,孩子自然就会趋向于那些所谓好的食品,而对所谓不好吃的,就少

吃，甚至不吃。此外，造成孩子偏食、挑食的原因还包括吃饭之前吃奶或零食太多，到了该吃饭的时候感觉吃什么都不香。

4. 宝宝的胃不能撑下太多东西

有些孩子的确是比较挑食，但家长不能妥善处理，往往会激化了矛盾。有的孩子的每天饮食习惯并不稳定，而且难以预测。此时，家长或需要调整一下自己的观念，进食的时间及吃饭的量应具有弹性，可以灵活些。切记宝宝的胃不能撑下太多东西，他必须少量多餐，不要强迫他吃完每餐，若宝宝表示已经吃饱，那就别再强迫他。孩子一次可以少吃一点，而通过多吃1～2次营养零食或饭来补上。

5. 宝宝不爱吃蔬菜不奇怪

确实很多的蔬菜有一些苦苦的味道或者有一些特别的味道，我们成人可能感觉不出来，但是孩子的味觉似乎比我们更敏感，所以有一些怪味道的菜是肯定不吃的，这只能是慢慢诱导的，例如是不是先从西红柿开始或者先从黄瓜开始，一样一样慢慢加。还有一些孩子对一些蔬菜特别是有一些纤维比较粗的蔬菜都坚决不吃，只吃一些比较容易咀嚼的菜，这个可能跟小时候宝宝的咀嚼训练不够有一定的关系。遇到这种情况妈妈也不能着急，可以把白菜、卷心菜切得细一点，这样孩子爱咀嚼就更容易吃了，还有可以把白菜、卷心菜包在馄饨里面，这些食物混在一起宝宝也就比较容易吃下去了。

6. 1岁以后的母乳就没有什么营养了吗

从母乳的成分来讲9个月以后的母乳叫晚乳，晚乳的蛋白质含量肯定比初乳或成熟乳蛋白质的含量是有所降低的。但是从营养的角度来讲，这个阶段辅食已经添加很长一段时间了，甚至饮食已经逐渐接近成人了，所以在这一阶段，母乳仍然具有很好的营养价值，比如维生素的含量仍能达到需要量的50%～90%。此时单纯吃母乳显然已经不能满足需求了，但一日三餐再加上母乳，这应当是最理想的喂养方式。

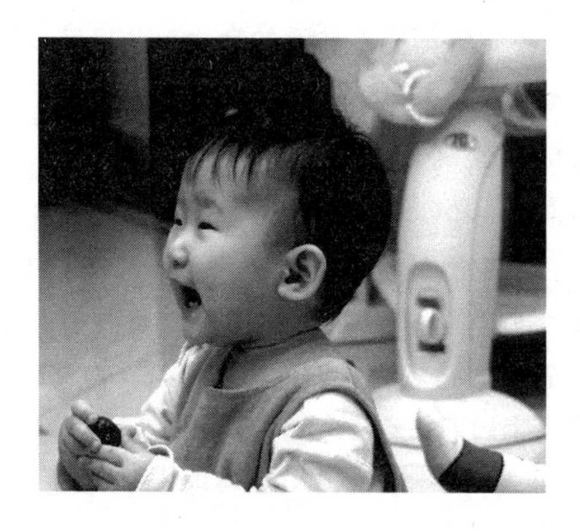

二、营造出良好的吃饭环境

家长应懂得如何培养孩子吃饭的兴趣，包括精神上的交流，语言或目光上的鼓励，避免着急，营造出一个良好的吃饭环境来。

1. 鼓励孩子自己吃饭

如果孩子喜欢自己吃饭，你可以让他们自己吃，虽然这么做的结果是乱七八糟。在“混乱”中宝宝其实正在不断试着学习怎样用勺子和如何使用杯子，在几个月内，他一直会把饭菜洒得到处都是。这个时候你所能做的就是给孩子穿容易清洗的用品或衣服和让孩子接受这种训练。孩子从摆弄食物中可以学会很多东西，而把食物扔到地板上、挤压食物及到处涂抹食物其实都是他了解食物及学习怎样享受食物的过程。

2. 让“吃饭”成为一种乐趣

为了健康，要做到食物多样，没有一种食物能够具备所有的营养素，因此食物的多样化是保证孩子获得全面营养的基础。同时，食物的多样还可以让孩子享受到多样的美味，让“吃饭”成为宝宝的一种乐趣。可以让孩子吃生的蔬菜，允许孩子在蔬菜中滴入酸乳酪、番茄酱、色拉酱之类的调味品。食物多样化可以让孩子获得丰富的味觉、嗅觉、视觉、触觉的感知刺激，这些方面都有利于孩

子的早期发展。有时不妨给那些不熟悉的食物起些可笑或奇特的名字或把食物切成有趣的形状来吸引孩子的注意。

3. 今天的饭菜真香呀

一些有经验的家长往往特别注意给宝宝做可口的饭菜,甚至做到两三天内不让宝宝吃重样的。宝宝不爱吃蔬菜,就做成馅,包饺子、馄饨,几乎所有可以用来做馅的材料都用过。还会把蔬菜切碎和虾仁、各种肉末、海鲜等混在鸡蛋液或面粉里烙成各种各样的饼,煮成各种粥。总之,想尽办法让他爱上各种食物。而且,家长从来不在宝宝面前说不爱吃这个,不爱吃那个,每回吃饭时,都要说今天的饭菜真香呀,从而在宝宝吃饭之前,让他对饭菜有一个先入为主的好印象。

4. 避免过分干涉

父母的提示或教育可以影响孩子的饮食行为,增加孩子对某些食物的喜好程度。但是,不要指望所有的孩子都乐于接受大人的指令,对孩子的饮食过分干涉,往往会降低孩子对一些食物的喜好。因此,家长在对孩子进行饮食和营养教育时,要讲究方式、方法,要有耐心。例如对蔬菜的喜好,可以通过家长的示范,选几种蔬菜让孩子任意选择,其中一种总会被他选中。

三、选择零食的原则

家中零食的选择和购买往往由家长决定,孩子经常是从家中现有的食物中选择。因此,家长在购买零食时就应注意其安全性和营养的均衡性,科学地为孩子选择零食。

特别提示:为什么要给孩子吃些零食

由于婴幼儿的胃仍未成熟到足以像成年人一样吃三顿大餐。一般的婴幼儿每日可能会吃 5 餐或更多,3 或 4 餐之外的食物就是零食,他吃的餐数愈多,每餐的分量便应愈少。零食是保证宝宝营养充足重要的一环,零食还能让宝宝尝试新食物。其实,即使是几片橘子、几勺酸奶也可以作为一餐零食,零食的大忌是影响下一餐的正常饮食。

1. 如何为孩子安排零食

吃零食也有一个吃什么，什么时候吃，吃多少的问题。吃零食的目的是为了让孩子在两餐之间增加一点营养，以满足营养的需要。但许多家长掌握不好，比如临近饭前一个小时之内的牛奶及其奶制品，甚至包括水果都可能明显影响孩子下一餐的食欲。一般食用零食的适宜时间为早饭后1小时，可选用水果或面包、松饼等食物。午睡起床后可选用含糖量低的糕点、酸奶或水果类食物。晚上睡觉前1小时可选用牛奶（最好不加糖），睡前应喝些水或是刷刷牙。

2. 不要在接近正餐的时间吃零食

零食量不可过多，不能影响正餐。饭前1～2个小时就不应当再给孩子吃任何食物，越接近吃饭时间越不能给任何食物，包括水果，哪怕一点点，宁愿让孩子饿些，也不能让它影响下一餐的饮食。睡觉之前吃零食，留在牙齿间的食物残渣不利于牙齿健康，容易引起龋齿。看电视时不宜吃零食，边看电视边吃零食，会在不知不觉中吃下去过多的食物，容易引起热量过剩，这也是儿童肥胖的重要原因。

3. 可以备选零食名单

最好选择季节性的蔬菜、水果、牛奶、蛋、豆浆、面包、马铃薯、甘薯等。因为奶制品、豆制品含丰富蛋白质、钙质，有益于骨骼和牙齿健康。新鲜蔬菜和水果，包括番茄、黄瓜、苹果等，含有丰富的维生素、矿物质和膳食纤维，可以促进肠道蠕动，防止便秘的发生。植物的坚果，包括瓜子、花生、核桃等，由于含丰富的必需脂肪酸和微量元素，有助于儿童的健康发展。

4. 不宜做儿童零食的名单

有些食物不适合作为幼儿的零食，包括含有过多油脂、糖或盐的食物，如炸薯条、炸鸡块、方便面、糖果、汽水和可乐等。因为这些食物中热量虽高，但往往缺乏许多必需维生素和矿物质，也会影响宝宝正餐的摄取量。此外，不要选择过期、变质的食品，也不宜用太咸或腌制的食物作零食，一些包装色彩绚丽的膨化食品也不宜选用。

爱心门诊

一、常见问题

1. 孩子一天进餐次数过多

有个孩子快一岁了，每天吃母乳或其他奶粉为主再加上辅食、零食、水果，每天不下十余次，几乎每个小时都在进食，这样孩子自然不会饿，也就不会好好吃饭。有的儿童零食过多，如果孩子每时每刻都在吃，一到应该吃饭的时间，孩子自然就吃不下饭，而饭后不久爸妈怕孩子饿着又再吃。这种孩子看起来吃得挺多，往往一日三餐都吃不好。

有的家庭一日三餐安排不合理，饥一顿饱一顿，在孩子饿了一段时间后，暴食暴饮，结果使孩子在吃下顿饭时没胃口。帮助孩子吃好饭，应安排好一日三餐，控制奶和零食的摄入量，直至出现饥饿为止。该吃的时候不吃，不该吃的时候胡乱吃，看不出孩子饥饿也看不出饱，是儿童喂养行为最糟糕的结果。

2. 儿童气质与进食行为

儿童气质有遗传基础，不同气质的儿童进食行为各异。约 10%的儿童为困难型，40%为温顺型，15%为预热缓慢型，其余 35%为混合型。困难型的儿童生物功能节律差，对新事物退缩，适应慢，消极情绪反应强烈，在进食上可表现无规律，厌恶吃东西，挑食等。温顺型的儿童生物功能节律性强，容易接受新事物，情绪积极，适应快，反应适中易抚养，很少出现进食问题。预热缓慢型儿童最初对新事物反应退缩，适应慢，反应强度低，出现消极情绪较多，较温顺型出现喂养问题多。要了解自己的孩子大概属于哪种类型，有针对性地加以引导。

3. 断奶过早或过晚有什么不好

婴儿断奶，以 1～2 岁为宜，断奶太早，婴儿消化道功能尚不健全，还不能从普通膳食中获得全面营养。断奶太迟，孩子对母乳的依赖常常会影响孩子对吃一日三餐的兴趣。随着孩子一天天长大，母亲母乳中蛋白质、矿物质含量明显减少，已不能完全满足孩子生长发育的需要。此外，在孩子牙齿长出后需要一

些有形的食物来满足牙齿的咀嚼功能。

4. 如何防治婴幼儿便秘

母乳喂养的宝宝不易发生便秘，尽可能延长母乳喂养的时间。在给婴儿冲调奶粉或米粉时还要注意奶粉、米粉和水的比例，过于浓稠的奶粉、米粉会导致便秘。从4个月开始，婴儿辅食中逐步增加喂哺蔬菜泥及果泥等含纤维素的食物的量。养成常饮水的习惯。训练宝宝定时排便，一般从3个月左右开始，可有规律地在早晨喂奶后让婴儿排便。让孩子多做户外运动，促进肠道的蠕动，不要长时间抱在妈妈怀里。对便秘的患儿可用脐周按摩的方法，增强肠道蠕动直至通便。

5. 什么是食物的酸碱平衡

一般家庭食物基本是“平衡饮食”或混合饮食，对于食物的酸碱问题不必再做计较。对于快速生长的儿童来说，配膳时既要注意营养素的平衡，还要考虑到酸碱平衡，适当减少高蛋白、高脂肪、高糖这一类营养型偏酸性食物，而增加蔬菜、水果、豆制品、牛奶等碱性食物，让孩子的身体常处于弱碱性状态，有利于孩子的抵抗力和生理健康。

6. 哪些食物属于酸性食物或碱性食物

酸性食物或碱性食物不是一个简单的味觉或化学概念。它是指人吃了某种食物，经过消化吸收，新陈代谢，最后在体内变成是酸性的还是碱性的。有的食物(如西红柿)尽管很酸，但它却是一种强的碱性食物。食物的酸碱性有以下特点：大部分动物性食物、精加工的淀粉类或甜食大多是酸性食物，包括五谷杂粮、肉类、禽类、水产、蛋类、花生、核桃等。碱性食物包括了多数蔬菜、水果、海藻类，如白薯、土豆、水果、牛奶、栗子、杏仁等。

二、生理与营养学知识

1. 蛋白质、碳水化合物和脂类的主要食物来源

能够提供蛋白质的食物有植物性食物，如大米、面粉、小米、玉米、大豆、核

桃、花生等;动物性食物,如肉、鱼、禽、蛋、奶等。能够提供脂肪的除了来源于植物性油脂以外,还可来源于动物脂肪和一些植物坚果,例如芝麻、核桃、瓜子等。能够提供碳水化合物的食物主要在各类植物性食物之中,如谷类、薯类、根茎类蔬菜及食用糖等。

2. 大豆的营养特点

大豆富含人体必需的 8 种氨基酸,所以营养非常丰富,是物美价廉的优质蛋白质。大豆脂肪以油酸和亚油酸为主,大豆含豆固醇而不含胆固醇,豆固醇不会被人体吸收。大豆含有人体不可缺少的维生素 B_1、维生素 B_2、维生素 B_6、胡萝卜素等;矿物质铁、钙、磷等含量比较丰富。

大豆营养虽好,但是婴儿期消化力较弱,组氨酸不能自身合成,同时,构成大豆蛋白会导致胀气。大豆含的草酸较多,影响了它含钙的有效利用。因此,两岁以下的婴幼儿应以摄食奶制品为主。

3. 豆芽菜与豆子营养有什么不同

各种干豆子都不含维生素 C,但干豆类经过发芽时的内部转化,维生素 C 就产生了。一般豆子都可用来发芽,常用的有黄豆芽、绿豆芽等。豆子发芽后,不仅维生素 C 丰富,原来的有害成分抗胰蛋白酶、凝血素也全部消失,而且豆子里原有的其他维生素如维生素 B_2、维生素 PP 等也有所提高。豆芽制成的菜肴清脆可口,并且有独特的清香之气,所以在缺少蔬菜的冬季,可以给儿童多吃些豆芽菜。眼下由于市场上一些豆芽的制作过程不安全,选择时要格外小心。

4. 少花钱也能得到充足营养

在生活不是十分富裕的情况下,不多花钱,孩子照样可以得到他们需要的营养。首先,可以根据当地最丰富的物产是什么来选择粮食类食物以提供充足热能,如南方产稻米,北方产小麦,还包括一些粗粮,如玉米、小米、高粱米等。其次,要多吃季节性蔬菜和水果,尤其北方,气候寒冷,冬天可多吃些大白菜、胡萝卜、土豆等。夏季多吃黄瓜、西红柿、扁豆等。冬季尽量不去买温室蔬菜。再有,注意因地制宜选择优质蛋白质,如动物性食物禽类、鱼、瘦肉、肝等价格较贵,可适当少吃点而多吃些大豆及其制品,如黄豆、豆腐、腐竹

等。山区可以吃杏仁、核桃、花生、芝麻、榛子，这些也能提供优质蛋白质。

三、食谱及制作方法

1. 胡萝卜鸡蛋干饼

原料：胡萝卜1/2个，鸡蛋1个，蛋糕粉50克，牛奶1/3杯，干酪1/2块，香菜末1/2勺，色拉油少许。

制作方法：将胡萝卜用擦菜板擦碎，将鸡蛋加入牛奶调匀；将蛋糕粉、胡萝卜、香菜末放入鸡蛋糊中搅匀；将搅拌好的材料用勺子盛入煎锅煎成饼。

2. 猪肝丸子

原料：研碎猪肝泥3勺，研碎胡萝卜3勺，调好鸡蛋3勺，碎面包3勺子，肉汤、青菜叶、淀粉少许。

制作方法：把猪肝加工成泥状，放入碎面包和胡萝卜末、鸡蛋、淀粉混合拌匀，做成小丸子；将肉汤放入锅内置火上烧开，把做好的小丸子放入锅内煮熟，停火前把洗净切碎的青菜叶倒入锅内稍煮一会儿即可食用。

3. 虾仁菜花

原料：菜花3小瓣，虾仁5个，酱油和白糖少许。

制作方法：用开水洗净菜花，放入开水煮软，切碎备用；将洗净的虾仁去皮去虾线切碎，加入酱油和白糖少许，然后加适量水上火煮熟，虾末倒在菜花上。

4. 荷包蛋

原料：鸡蛋1个，生菜末少许。

制作方法：在锅里加入少许水烧至将末开时，把鸡蛋打入锅里，用文火煮至蛋白将蛋黄包好呈刚熟状，撒入生菜末，滴几滴香油即可出锅。

四、1岁4个月至1岁6个月幼儿喂养及营养学评估

1. 体重、身高增长

男童，体重：11.2～11.6千克，身高：79.4～82.5厘米。

女童，体重：10.8～11.0千克，身高：77.8～81.4厘米。

2. 喂养评估

评估内容、评估结果见表8-1。

表8-1 1岁4个月至1岁6个月幼儿喂养评估

分 类	评估内容	评估结果		
		差	中	优
母乳或配方奶	次数或量	无母乳或配方奶	仍以乳制品为主	2次或300毫升左右
辅 食	次数或量	1～2次/日	2～3次/日	3～4次/日
辅食的质量	粮食(粗、细粮)	少于50克	50～80克	100克以上
	肉、鱼、蛋	少于20克	20～50克	50～100克
	绿色蔬菜	少于100克	100～200克	200克以上
喂养行为	与家庭成员一起用餐	无	偶 尔	经 常
	用杯子、勺吃饭	偶 尔	经 常	完 全
	强迫孩子吃饭	经 常	偶 尔	无
	鼓励孩子吃饭	无	偶 尔	经 常
零 食	数 量	随时吃、量多	3次以上量较多	1～2次适量
患病及患病时喂养	近1～3月内患病次数	1次以上	偶 尔	很 少
	患病时是否禁食	是	部 分	不禁食
	患病后是否增加额外食物	不增加	少 许	增 加
	是否注意食物和饮水清洁	不	有 时	很注意

第九章 儿童也要平衡膳食

1岁7个月至1岁9个月

开头语：

宝宝在18个月时已能吃些和大人相同的食物，食量大概只有大人的1/3～1/2。应注意宝宝膳食每日都应包括谷类、蔬菜与水果类、乳制品、肉食与豆制品等。

每日应有维生素A含量丰富的水果蔬菜，提供脂肪含量丰富的膳食。如果一餐的量太少或密度低，应增加就餐次数。

——辅食添加10原则之八（WHO/UNICEF，2002）

喂养参考标准：

早餐：鸡蛋菜粥（大米25克，鸡蛋15克，白菜10克，植物油5克），牛奶200毫升。

午餐：馒头（面粉25克）1/2个，酱牛肉20克，拌胡萝卜丝50克，冬瓜汤（冬瓜50克，植物油5克），午餐后牛奶200克，点心（蛋卷）20克。

晚餐：米饭（大米30克）1碗，肉菜丸子（肥瘦猪肉25克，白菜35克，植物油5克），紫菜鸡蛋汤（紫菜15克，鸡蛋25克，香油3克）。

零食：1～2次，牛奶200毫升，饼干1块，水果1/2个。

指 南

一、学步孩子的饮食特点

宝宝在 18 个月大时已能吃些和大人相同的食物，所不同的是他的食量大概只有大人的 1/3～1/2。所吃的食物还注意要适应孩子的消化能力。

1. 一日三餐按时进餐

正常人体的消化液分泌是受中枢神经所控制的一种条件反射。养成了一日三餐按时进餐习惯的人，到了该吃饭时就会感到肚子饿。如果儿童毫无节制地进食，不断地刺激胃肠的消化液分泌，这样会增加胃肠负担，导致胃及小肠总是滞留有食物，就会造成消化功能紊乱甚至发生胃肠疾病。久而久之就会造成营养不良，以致引起营养缺乏症，机体抵抗力降低等。

2. 孩子患病时吃什么

当孩子患病时，必须鼓励孩子继续吃和喝，不可禁食。病时饮食的选择要根据孩子的病情和身体状况及时合理制作，而且要比平时更注意其营养。一般可喂些米汤、豆浆、菜汤、牛奶、蛋花汤等容易消化的食物。待病情稍好些，可改为细软的食物，如稠粥、面条鸡蛋羹(蒸鸡蛋羹)、瘦肉末等，每日进餐次数比平时多，提倡少量多餐。对于疾病恢复期的孩子，应加强营养，把病时的损失尽量补回来，多给他们吃些鱼、肉、蛋、奶及新鲜蔬菜和水果。每日给孩子增加一餐，直到孩子的体重恢复到生病前的水平。

二、平衡膳食

宝宝每天最重要的食物为碳水化合物和蔬菜水果等食物，其次为富含蛋白质的肉类、豆类。他吃进去的食物与他身体所需要的量和质保持平衡、一致，这就叫平衡膳食。

1. 什么叫平衡膳食

从营养学角度来看，一般将食物分为以下五类：第一类谷类及薯类，第二类动物性食物，第三类奶类及豆类，第四类蔬菜水果类，第五类油和盐。每类食物为机体提供的营养是不同的，只食入单一品种的食物对于营养素的摄取是不利的。大人和孩子每天吃的膳食中都需要包含这五大类，而对这五大类食物所需要的量和质是有一定的比例的；第一类需要摄入最多，依次逐渐减少，第五类尽可能做到最少。一句话，就是使宝宝吃的营养和他身体里需要的营养尽可能能够保持一致。

2. 从母乳和辅食中应获得的能量

宝宝营养的需求应包括能量与营养素两个大的方面，它们都是婴幼儿辅食质量的重要组成部分。充足奶量和适当地添加辅食非常关键。比如美国儿童膳食宝塔建议：1～2岁儿童每天应摄入大约170克谷物类食物，500克蔬菜，300克水果，500毫升牛奶，140克肉及豆制品。一般从事轻体力劳动的母亲每天大约需要的膳食能量为2 000千卡，1～2岁儿童总的能量需要量为母亲的1/3～1/2。最新的世界粮农组织与世界卫生组织推荐标准(表9-1)。

表9-1　婴幼儿需要从辅食中获得的平均能量　(千卡/天)

月　龄	0～2个月	3～5个月	6～8个月	9～11个月	11～23个月
总的能量需要量	404	550	615	686	894
从母乳中获得的能量	493	540	413	379	346
需要从辅食中获得能量	/	/	202	307	548

3. 如何提高谷类食物的营养价值

我国居民50%～70%的蛋白质来自于谷类食物，谷类是一种非优质蛋白质，也叫半完全蛋白质，单独进入人体后，利用率低。但如果和其他的食物(如豆制品、瘦肉、蛋类等)搭配一起食用，就可以大大地提高它们原有的利用率和营养价值。如果加入大豆粉或者吃强化赖氨酸的粮食，也可以获得同样的

效果。

4. 过多的水果或果汁导致儿童腹泻

孩子吃了大量的水果或饮用了大量果汁或果汁饮料，再加上在正餐饮食中大部分都是淀粉类食物的话，食物经过肠道的速度太快，以至于其中所包含的水分还来不及被充分吸收，所以排出的粪便就会很稀薄，也就是像腹泻时的排便。该症状多见于1岁半～2岁的幼儿，通常孩子还会有胀气，每天排3～5次稀薄的或糊状的粪便。通常这种孩子发育不会受影响，体重增加还正常，也没有腹痛等不适的感觉。应对的方法是提高他的饮食结构中脂肪和蛋白质的比例，减少淀粉类食物和水果、果汁的摄入量。

三、维生素和矿物质

我国儿童膳食结构不合理，主要体现在蛋白质、脂肪、碳水化合物三者的摄入量比例不均衡，以及维生素、微量矿物质的摄入不足和生物利用低几个方面。

1. 维生素对人体有哪些作用

维生素是维持儿童生长及调节正常生理功能所必需的营养素，缺少任何一种维生素就会发生疾病。维生素A可以维持正常的视觉，减少呼吸道感染和腹

泻的发病率。B族维生素是维持体内代谢及生长所必需的。缺少维生素C容易出血及患感冒。缺乏维生素D会影响钙、磷的吸收，影响骨骼的生成。维生素E与体内代谢有关，并可促进红细胞的生成，缺乏时可出现轻度贫血、水肿及皮疹等。

2. 微量元素和维生素生理特点

这两种物质既不为机体提供能量，也不参与机体组成。人体几乎不能合成微量元素和维生素，它们必须由食物中摄取。人体所需微量元素和维生素的量甚微，但却不可或缺，当体内缺乏这些物质时会出现各种代谢障碍和临床症状。由于食品的储存、加工及不合理的饮食习惯等，在日常膳食中维生素和微量元素的摄入不足常常发生。对于儿童来说，由于生长速度快，营养物质需求量大，供与求的矛盾必须通过合理膳食得到解决。

3. 一些维生素和矿物质可以小剂量间断补充

研究发现，营养素的吸收不与其补充量成正比，一种营养素的长期大量补充势必会影响到另一种营养素的吸收与利用。由于一些脂溶性维生素A和D可以在人体肝脏和其他组织内储存起来，因此可以每一个月，甚至更长时间补充一次；而水溶性维生素往往代谢很快，体内储存时间不长，补充不能每个月一次。由于我国人群营养素缺乏大多处于临界水平，因此脂溶性和一些水溶性营养素可采用小剂量间断补充的方法来实施。近年来我国应用每周一次间断补铁的方法，其纠正贫血、增加铁元素储存的生物学效果与每日补铁基本相同。

一、常见问题

1. 宝宝吃了鸡蛋后浑身发痒是过敏吗

有的宝宝吃了鱼虾、鸡蛋或某些蔬菜之后，会浑身发痒，脸部和耳朵周围的皮肤发红，并出现皮疹或分泌物，这就应当考虑是否对某种食物过敏。由于婴

儿的肠胃道黏膜的保护功能不完全成熟，因此外来蛋白极易发生食物过敏症状。如果妈妈是过敏体质，宝宝过敏的机会就更大些。孩子出现食物过敏症时，应暂时避免食用花生、巧克力、鱼类、贝壳海鲜等容易导致过敏的食物。

2. 学步的孩子牛奶和果汁的摄入量

不可让牛奶和果汁填饱了孩子的肚子，每日孩子喝的果汁不要超过120～180毫升，而且应该盛在杯子里给他喝。每天所饮用的牛奶量也不要超过600毫升。牛奶和果汁是孩子重要的营养来源，每日必须保证一定的摄入量，但如果过多，则会影响一日三餐的正常食量，而且还会影响胃肠功能和牙齿的健康。同时对孩子的心理发育也会造成不良影响。

3. 孩子喝水越多越好吗

很多家长以为，多喝水对孩子来说是件好事，至少不会上火。实际上喝水量也应当掌握一定的合理限度。宝宝每天补充的水分过多，一是水把胃部撑满，就可能会影响到他对其他食物的摄入。二是身体内水分过多对孩子身体生理代谢也会有影响，甚至会引发某些脏器性疾病。有的宝宝平时很爱喝水，尤其是晚上，必须把奶瓶放到他嘴边，夜里也要起来喝很多水，这种做法不可取。

二、生理与营养学知识

1. 胆固醇有好坏之分

胆固醇是细胞膜的重要组成成分，胆固醇是合成性激素的原料和维生素A的载体。人体胆固醇有好坏之分，“好胆固醇”又称为高密度脂蛋白(HDL)，它能够清除血脂、保护心脏。它应当高些。“坏胆固醇”称为低密度脂蛋白(LDL)，当它太多时会增加心血管负担。它应当低些。无疑，人体需要的是好胆固醇而限制坏胆固醇。完全不含胆固醇的食物，如糖和淀粉，会使人体高密度脂蛋白明显下降，而低密度脂蛋白上升。这一含义可解释为完全以淀粉食物为主要食物来源并不利于儿童健康。

2. 精制糖有害，天然油脂有益

因为糖和淀粉会导致人体甘油三酯上升，好胆固醇下降，不利于人体健康。相反，“胆固醇”食物，包括鱼类、肉类、蛋类、植物油、坚果和种子（如大豆和花生），可以降低人体内甘油三酯，提高好的胆固醇水平，降低血糖和血压，从而避免肥胖、糖尿病和心血管疾病等的发生。以鸡蛋为例，不要只吃蛋白，不吃蛋黄，丢掉蛋黄就等于丢掉了优质卵磷脂（生成乙酰胆碱）、半胱氨酸（生成谷胱甘肽）和DHA。这些物质是人体的“记忆分子”、“血管清道夫”和“食用化妆品”。这些概念不仅适宜成年人，同样也适宜儿童。

3. 儿童食用油脂的选择

食用油脂依其来源分为动物脂肪和植物油，动植物油脂的营养价值差别较大，虽均富含脂肪酸，但植物油是必需脂肪酸的最好来源。动物脂肪含的固醇对心血管病人不利，而植物固醇则有益。脂溶性维生素都能溶解在油脂中，而且随同油脂一道被消化吸收。饮食中如果缺油，这些维生素的吸收则要受到很大的影响。植物油还是维生素E的最好来源，由于维生素E具有抗氧化作用，所以植物油比动物脂肪不容易发生氧化。

4. 蜂蜜亦是纯糖

蜂蜜是一种像水果一样天然的含糖食物，但它却是百分之百的纯糖，所以也会产生其他糖类会产生的问题，同样不适合给孩子喂食。同时，因蜂蜜内含有一种波特淋毒素，通常1岁以下婴儿体内抗体无法控制这种毒素，因此蜂蜜不是婴幼儿最佳食品。

蜂乳是常用的滋补品，又叫蜂王浆。其中含有促进发育的植物激素等70余种物质，具有刺激生育能力、促进新陈代谢等作用。小儿用后易促进性器官发育、早熟，所以小儿也不要服蜂乳。

三、食谱及制作方法

1. 猪肉胡萝卜饺子

原料：面粉50克，胡萝卜末1勺，猪肉糜20克，酱油、香油、葱。

制作方法：将洗净去皮的胡萝卜研碎，洗净虾仁并切碎，把胡萝卜末、虾末和猪肉糜一起放入容器内，加少许葱末和少量香油等搅拌均匀；把面粉用温水和好擀成饺子皮或直接从超市购买饺子皮，用上述拌好的馅包成小饺子。

2. 奶味蔬菜火腿

原料：火腿肠 30 克，肉汤 1/2 杯，卷心菜叶 1 片，牛奶 3 大勺，洋葱、食盐少许。

制作方法：将火腿、卷心菜叶、洋葱切好，加入肉汤煮制；肉汤煮至一半时加入牛奶继续煮，煮熟之后用食盐调味。

3. 包　子

原料：菠菜、鸡蛋、粉丝、虾仁、木耳、香菇，食盐、味精、酱油、香油少许。

制作方法：菠菜剁碎（烫熟），粉丝切成 1 厘米段（煮熟后），虾仁剁碎，木耳剁碎，香菇剁碎，炒鸡蛋，加食盐、味精、酱油、香油、植物油少量，搅拌好做馅，做成包子，上锅蒸 15 分钟。

4. 茄子泥

原料：茄子 100 克，食盐、蒜末、酱油、香油少许。

制作方法：洗净茄子，不用去皮，切成长条，在蒸锅上蒸约 15 分钟后，制成泥，并用食盐、蒜末、酱油、香油拌匀即可。

四、1 岁 7 个月至 1 岁 9 个月幼儿喂养及营养学评估

1. 体重、身高增长

男童，体重：11.6～12.3 千克，身高：82.5～84.6 厘米。

女童，体重：11.0～11.9 千克，身高：81.4～84.0 厘米。

2. 喂养评估

评估内容、评估结果见表 9-2。

表9-2 1岁7个月至1岁9个月幼儿喂养评估

分 类	评估内容	评估结果		
		差	中	优
母乳或配方奶	次数或量	无母乳或配方奶	乳制品过多	2次或300毫升左右
辅食的质量	均衡膳食	偏重某食物	基本均衡	均衡膳食
	粮食(粗、细粮)	少于100克	100～150克	150克以上
	肉、鱼、蛋	少于50克	50～100克	100克以上
	绿色蔬菜	少于100克	100～150克	200克以上
喂养行为	与家庭成员一起用餐	无	偶 尔	经 常
	用杯子、勺吃饭	有 时	经 常	完 全
	强迫孩子吃饭	经 常	偶 尔	无
零 食	数 量	随时吃、量多	3次以上量较多	1～2次适量
患病及患病时喂养	患病时是否禁食	是	部 分	不禁食
	患病后是否增加额外食物	不增加	少 许	增 加
	是否注意食物和饮水清洁	不	有 时	很注意

第十章　营养不良和生长发育迟缓是同义词

开头语：

营养不足与营养过剩并存是目前我国儿童营养状况的现实体现，儿童早期营养状况的好坏直接影响到成人后的生命质量。

避免饮用营养价值低的饮料，如茶水、咖啡、可乐。限制果汁的摄入量以防止影响营养丰富食物的摄入量。

——辅食添加10原则之九(WHO/UNICEF,2002)

喂养参考标准：

早餐：枣泥牛奶发糕(面粉20克，玉米粉10克，枣泥15克，白糖5克)，鸡蛋粥(大米25克，鸡蛋15克，植物油5克)，酱牛肉15克。

午餐：什锦饭(大米25克，花豆15克，西红柿30克)，小白菜汤(小白菜30克，虾皮10克，植物油5克)，蒸鸡蛋羹(鸡蛋50克)。

晚餐：小饺子(面粉50克，肥瘦猪肉25克，白菜35克，植物油5克)，胡萝卜小米粥(胡萝卜25克，小米25克，香油2克)，牛奶200毫升。

零食：1～2次，酸奶100毫升，面包1片，水果1/2个。

指　南

一、怎样才能知道宝宝生长发育是否正常

评估孩子发育是否正常要依靠几个方面的情况进行综合评估，而不是单纯依靠某一个表现或检验结果。

特别提示：大夫如何评估孩子发育是否正常

首先，通过询问来了解孩子的一些情况，例如孩子的出生情况，喂养情况。有时还应询问母亲妊娠时的营养状况，有无贫血及腿肚子抽筋，膳食是否合理等。尤其应当重点了解孩子当前膳食的数量、质量及饮食行为，从而对孩子的营养情况有个初步了解。

其次，外观的观察和体格检查，看看孩子的精神是否愉快，面色是否红润，摸摸腹部和四肢的皮下脂肪的厚薄，还有孩子的动作发育是否良好等。再有就是实验室检查，例如血红蛋白测定，还有微量元素、维生素等，作为全面评估的一种参考。

因此，大夫评估孩子发育是否正常是依据病史、症状、体征和实验室检查四个方面的综合情况来进行判断。

1. 体重或生长发育状况

首先，应了解儿童每天进餐的次数和摄入的食物是否充足。儿童每天应进餐3至5次，营养不良的儿童可能会需要更多的次数，而且喂食的时间会更长些。如果儿童吃完后还要求更多食物，应满足他们的要求。其次，应注意儿童的食谱中所含的热量是否过低，利于儿童生长的食物有蛋类、鱼、肉类、豆类、坚果类和谷类。含有丰富维生素的食用油或动物油脂既能提供维生素又能提供热量。再有，对于生病的孩子应鼓励病儿少食多餐，对于生病的幼儿可以喂比平时更多的母乳，辅食应做到易消化和营养充足两者兼顾。

2. 身材矮小始于生后第一年

婴儿出生后4～6个月内完全依赖母乳喂养，即纯母乳喂养就可以满足婴儿生长发育的热能及各种营养物质的需要。在此阶段如添加一口水或其他饮食，婴儿就会少吃一口母乳，同时还增加了婴儿患腹泻的可能性，从而进一步损害了婴儿身材的发育。

一项研究结果表明，非纯母乳喂养婴儿身材矮小的危险性是纯母乳喂养婴儿的2.2倍，同时发生腹泻的危险性也增加了2.7倍。纯母乳喂养婴儿身材矮小的发生率比混有水分或添加其他食物尤其是粮食类食物的母乳喂养婴儿降低了25%。

当婴儿4～6个月以后，婴儿必须开始添加辅食。由于婴儿胃的容量很小，粮食类食物很容易使婴儿产生饱感，但能量及营养素含量却很难达到要求。

研究证实，儿童生长发育所需的营养素如锌、铁等主要来自动物性食物及蔬菜。18个月至24个月的婴幼儿如在食物中添加动物性食物的比例提高10%，其身材矮小的发生率则下降2.6%，添加蔬菜水果类食物也可得出相似结果。

3. 儿童营养不良对成年后慢性疾病的影响

近年来的研究发现，成年人的一些慢性疾病往往与儿童期的不良饮食行为有关，这些慢性病多种多样，包括糖尿病、高血压、动脉硬化甚至癌症。研究显示，机体在生命早期对营养不良所产生的适应可被永久性编程，这些基因可能就是糖尿病或其他一些代谢障碍的易感基因，从而导致在成年期患病的危险性增高。“子宫内发育迟缓”及“胎儿营养受损”已正式列为成人罹患某些慢性病的重要危险因素（图10-1）。

4. 怎样为学步儿童选择食物

一天至少喝两杯牛奶或配方奶，一天1个鸡蛋，一天需要肉、鱼、豆腐50～100克，以提供蛋白质、B族维生素和各种微量元素等。深绿色及深黄红色蔬菜的维生素A、维生素C及铁质含量都比浅色蔬菜高，每天应该吃200克。每日1～2次零食用来补充营养素及热量的不足。每周补充动物肝脏1～2次，以提供丰富的矿物质及维生素。有条件的地方，每周给孩子吃一些海产品类食物（表10-1）。

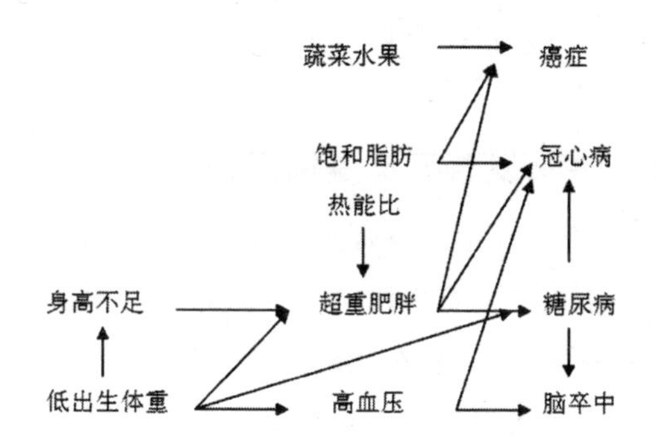

图 10-1　儿童营养不良对成人慢性疾病的影响

表 10-1　儿童合理膳食每日摄入参考量　（克）

膳食宝塔	6～12 月龄	1～3 岁	3～6 岁
塔尖、最少	植物油 10	植物油 20	植物油 30
适　量	蛋 50，肉 35	蛋 50，肉 50	奶类 200～300　豆类 25
多　量	菜 50，水果 35	菜 200，水果 150	鱼、肉 60　蛋 60
多　量	谷类粮食 40～110	谷类粮食 100～150	蔬菜 250　水果 150
塔底、最多	母乳或配方奶 600～800	母乳或配方奶 350	各类粮食 180～160

二、蛋白质能量缺乏

蛋白质缺乏的婴儿外观上不瘦，但肌肉不结实，生长发育缓慢，平时多病。能量不足的直接表现就是儿童身材矮小和低体重。

1. 什么是蛋白质能量缺乏

能量不是一个具体营养物质，它由食物中蛋白质、碳水化合物及脂肪代谢后提供，当这三大供能物质摄入量不足时会引起热能不足。蛋白质缺乏往往与能量缺乏同时存在。短期内表现为体重不增或增长缓慢，因此体重增长是儿童营养状况的近期指标。长期则使儿童身高的增长迟缓，因此身高的增长是儿童

营养状况的远期指标。一般情况下体重不足称为营养不良,身高增长不足称为发育迟缓。

2. 营养不良和生长发育不良是同义词

就儿童而言,营养不良和生长发育不良是同义词,是使儿童易患病、智力低下、行为不良、疾病和死亡的主要原因之一。随着人们生活水平的不断提高,我国儿童蛋白质——能量缺乏的情况逐渐减少。随之而来的儿童各种微营养素缺乏症就显得更为突出。这种微营养素缺乏症不会随经济发展而自然消除,它与人们的饮食结构和健康知识水平有着密切关系。

特别提示:哭闹饥饿

哭闹饥饿与隐性饥饿是儿童营养不良的两种集中表现,哭闹饥饿由于蛋白质——能量缺乏,儿童得不到最基本的营养物质,比如严重的粮食短缺或是富裕地区儿童严重的挑食、偏食或厌食导致食物摄入减少,从而发生蛋白质——能量摄入不足。

哭闹饥饿的儿童从外观上可以明显表现为饥饿状态,消瘦,皮肤没有弹性,身高、体重明显低于同年龄儿童的平均水平。这类儿童精神不佳,哭闹,情绪不稳定,智商低,感染性疾病患病率高。

3. 不可错过身高增长的两个高峰期

了解儿童长身高的规律,可以让你清楚孩子目前的生长是否正常,而不必为孩子生长慢下来而担心。在人的一生中,有两个身高增长的高峰期,第一个是出生后第一年,身高可增长 25 厘米,第二个高峰期在 12～14 岁出现,此时生长速度再次加快,在这个时期身高可增长 25～30 厘米。过了青春期,骨骼中的骨骺开始闭合,身高增长便停滞不前了。因此,在这两个关键时期,儿童及青少年的合理营养不能忽视。

了解儿童长身高的规律,可以让你清楚孩子目前的生长是否正常,而不必为孩子生长慢下来而担心。人的个子虽然受种族和父母遗传因素的影响,但实践证明,后天因素尤为重要,后天因素主要包括营养、运动、睡眠、心理情绪等四要素。

4. 配方奶粉喂养儿童的体重往往高于正常儿童

2006年，世界卫生组织承认，过去该组织制定的有关新生儿的发育指标——《婴儿发育指南》存在缺陷。世界卫生组织制定的标准是以配方奶喂养的孩子为标准，由于吃母乳的婴儿体重偏轻，家长为了使自己孩子的体重能够达到世界卫生组织建议的《婴儿发育指南》中的标准体重，就盲目地给孩子添加各种辅助食品——特别是滥用配方奶粉。结果造成全球喂养出大量肥胖儿童！有的孩子6个月就给断了奶，在使用配方奶粉两周以后，小孩就被催胖了好多。

三、微营养素缺乏

营养不良不仅包括显而易见的食物缺乏，即蛋白质——能量的摄取不足，还包括人们轻易看不见的人体必不可少的微量元素，如铁、锌、硒等，以及多种维生素的缺乏。

1. 微营养素缺乏——隐性饥饿

人们轻易看不见的微营养素缺乏，通常称为隐性饥饿。人体必不可少的矿物质，如铁、锌、硒等，以及维生素A、维生素D每日需要量极少，为几毫克或更少。微营养素缺乏与蛋白质——能量不足常常同时出现，相互作用。微营养素缺乏之所以称其为看不见的饥饿，是因为它的存在十分隐蔽，家长往往不易发现，但这些微营养素的缺乏却客观存在，而且对儿童身心的危害十分显著。

特别提示：隐性饥饿

与哭闹饥饿相比，隐性饥饿比较隐蔽，主要表现为微营养素缺乏，即铁、锌、硒等，维生素A、维生素D等微营养素的摄入少或生物利用度降低。

隐性饥饿从外观上不易被发现，有些儿童外观看起来无异常，但抵抗力低下，易生病，行为畏怯，不容易和别人交流，易冲动，注意力不集中等。家长以为是孩子的天性或故意为之，其实，这些情绪、认知、行为等方面的不良表现的根源与微营养素缺乏的关系甚为密切。

2. 什么叫亚临床营养缺乏状态

人体内有一个储存微量元素的仓库，如肝脏等，当身体缺乏微量元素时，就会从仓库里提取。如果出现了严重的症状，就说明仓库里已经没有什么“存货”了。对有些孩子来说，可能仓库里已经开始缺货，但还没有达到出现临床症状的程度，可是已经开始影响脏器发育。例如，维生素 A 缺乏在我国已属罕见，但儿童亚临床维生素 A 缺乏的患病率可达 30%，这些孩子抵抗力低，易患病。再例如，缺锌会对孩子的脑部发育产生影响，但真要等到孩子表现出智力低下时，缺锌就已经非常严重了。这些身体没有明显临床症状的孩子，实际上已经处于一种亚临床营养缺乏状态。

3. 精加工谷类是儿童营养缺乏的祸首之一

一颗小麦粒最外面包着一层谷物的皮，它含有非常丰富的 B 族维生素、磷和其他矿物质。小小胚芽仅占整个麦粒的 2%～3%，可维生素 B_1 含量却占整个麦粒总含量的 60%左右。小麦在碾磨精加工时，谷物皮、糊粉层和胚芽很容易被分离下来混进糠麸而丢弃，所以磨得越精细的米面损失的营养素也越多，而剩下的只有单一的糖。

特别提示：精制谷物的危害

精制的谷物保留了几乎全部为碳水化合物，它可使控制血糖稳定的胰岛素水平迅速上升，长久摄入这种食品使人们更容易患糖尿病和心脏病。这些食品含有过多无意义的热卡，而营养素含量低，可导致体重增加和多种营养素的缺乏。

四、肥胖也是营养不良

很多父母错误地认为孩子胖是健康的标志，其实这看法在很大程度上是一种偏见，肥胖是营养失衡的表现，也属于营养不良范畴。

1. 儿童肥胖的特点

儿童期肥胖，可促进人体脂肪细胞数量增加，使其到了成年期更容易肥胖。儿童一旦肥胖，由于体内脂肪比例增高，酸性代谢产物排泄不充分而致蓄积量增大，儿童会经常感觉疲困乏力、贪睡、不愿活动。又因为肥胖导致水、糖、脂肪代谢紊乱，高胰岛素血症而出现异常饥饿感，表现为嘴馋特别贪吃。这样就容易促成儿童惰性的养成，变得既贪吃又贪睡，形成越来越胖，越胖毛病越多的恶性循环。越是肥胖，越是贪食，越是懒惰，越不愿运动，这样就失去儿童那种天真活泼好动的天性。

2. 儿童肥胖的危害

肥胖与多种疾病的发生相关，为成年人胰岛素敏感性降低、糖尿病、心血管病、高血压，某些癌症的危险因素埋下祸根。肥胖后由于体型变化，体力下降以及肥胖后的各种令人难堪的症状，给儿童造成心理上的压力，形成自卑、孤僻以及人格变态，导致儿童严重的心理发育障碍。部分儿童会因肥胖导致性发育障碍，男孩出现隐睾，乳房膨大等性器官和性征发育障碍。女孩则出现性早熟或月经异常，导致其成年后的性功能障碍和生殖无能。过度肥胖导致呼吸系统功能下降，血液中二氧化碳浓度升高，大脑皮质缺氧，儿童学习时注意力不易集中，影响儿童的智力发育。

3. 防止肥胖越早越好

每个月体重增加比正常水平多出100克的婴儿，在7岁时超重的风险增加了25%。儿童肥胖，长大后70%会变成大胖子，因此肥胖症的防治越早越好。儿童期单纯肥胖症的处理应与成人不同，不应使用“减肥”或“减重”的概念，而应实施控制增重的综合方案。禁忌短期快速减肥，以及反复减肥等。不宜采用饥饿、半饥饿疗法或用药物、手术减肥。应从日常生活习惯入手，膳食均衡，多做运动。儿童肥胖率随看电视

时间的增加而增加，很多调查发现，长时间看电视是儿童肥胖主要原因之一。

一、常见问题

1. 为什么说蛋白质是生命的基础

蛋白质是构成人体所有细胞的基本物质。此外，人体中最重要的活性物质如酶、激素、抗体等也都是由蛋白质组成的。因此，它是维持生命不可缺乏的营养素。蛋白质主要存在于禽类（如鸡、鸭、鹅）、畜类（如猪、牛、羊）、鱼类、蛋类、奶类等动物性食品中。植物性食物中以豆类含量最多。这些食物进入人体后，经消化被分解成最小的单位，叫氨基酸，然后才能被身体吸收利用。动、植物食物蛋白质含有 20 多种氨基酸，但有 8 种氨基酸是人体不能合成的，必须从食物中摄取，称为必需氨基酸。

2. 孩子经常烂嘴角是什么原因

有些家长认为孩子经常烂嘴角是喝水少、上火的原因，其实真正的原因还和维生素 B_2 的缺乏有关。维生素 B_2 又叫核黄素，是身体内很多重要酶的成分，在蛋白质、脂肪、碳水化合物的代谢中起重要作用，可促进儿童青少年的生长发育。当维生素 B_2 缺乏时，会出现多种多样的临床表现，如烂嘴角、角膜周围充血、视力模糊、脂溢性皮炎等。当孩子严重缺乏维生素 B_2 时，可导致生长发育的延迟。

3. 宝宝出现黑眼圈是何原因

患有湿疹或经常呼吸道感染，经常出现过敏现象的小婴儿双眼有时出现黑眼圈，这是因为牛奶蛋白过敏或对冷热空气变化的不适应导致孩子鼻腔阻塞，使泪水无法正常地从泪腺流入鼻腔内，致使眼泪在夜里睡觉时，都累积在双眼周围的软组织内，从而导致孩子出现黑眼圈。有时感冒或睡眠姿势不正确时会加重黑眼圈的程度，这些宝宝常常伴有夜间睡眠质量不好或夜间睡觉时用嘴呼吸的情况。

二、生理与营养学知识

1. 什么叫蛋白质互补

如能同时吃入几种不同食物的蛋白质，则氨基酸之间常可盈缺互补，从而提高膳食中蛋白质的生理价值，这就是蛋白质互补作用。奶类、蛋类的蛋白质含有较多的必需氨基酸，并且各氨基酸之间配比合理，能完全为身体利用来合成人体的蛋白质。大米蛋白质中赖氨酸含量较低，不能全部合成人体蛋白质，如果面粉与大豆及其制品同吃，大豆蛋白质中丰富的赖氨酸可补充小麦蛋白质中赖氨酸的不足，从而使面、豆同食时蛋白质的生理价值提高。在生活中类似的例子还很多，如素什锦菜以豆制品、蘑菇、木耳、花生、杏仁配在一起可以起到蛋白质互补作用，比单吃一种食物时蛋白质的利用率高。

2. 何谓营养标签

近年来，我国已实施食品营养标示制度，以提供消费者对其所购买食品的营养成分有较多认识并为正确选择提供重要参考信息。市售包装食品营养标示规范中规定，凡是标有营养内容的市售包装食品，都必须提供营养标示，营养标示内容必须包含热量、蛋白质、脂肪、碳水化合物、钠等基本五大项，以及出现于营养标示中的营养素含量。

3. 如何仔细阅读营养标示

在给孩子购买包装食品的时候，花上几分钟，把包装上的营养标示先看清楚，了解吃进去的食物含什么营养成分是重要的。食品营养标签包括“需适量摄取”及“可补充摄取”两大部分。热量、脂肪、饱和脂肪酸、胆固醇、钠盐及糖等营养素含量，如摄取过量，将对宝宝健康有不利的影响，故它们属“需适量摄取”的营养标示。膳食纤维、维生素 A、维生素 B_1、维生素 B_2、维生素 C、钙、铁等营养素如摄取不足，会对儿童健康产生不利影响，它们则属“可补充摄取”的营养标示。营养标签中营养素的含量必须达到卫生权威部门公告的标准。

三、食谱及制作方法

1. 回锅肉

原料：带皮猪后腿肉、蒜苗、豆瓣、酱油、甜酱、味精、化猪油各适量。

制作方法：猪肉刮洗干净，放入汤锅中煮至刚熟，捞出晾凉切成片；蒜苗洗净，切成马耳朵形；锅中放油，放入猪肉片炒至出油时，放入剁细的豆瓣炒香上色，加入甜酱炒散、炒香，放入酱油、蒜苗、味精炒至蒜苗熟透，装盘即成。

2. 红烧牛肉

原料：牛肉200克，白萝卜或土豆200克，植物油、酱油、食盐、花椒各适量。

制作方法：两勺豆瓣酱和半块生姜混在一起切成碎末，放油进锅，油热后倒入碎末，炒至出香味。再倒入牛肉块，加酱油，食盐、花椒等调料翻炒，直至牛肉变红且大至入味。加入牛肉汤，文火慢炖，并根据口味调整汤的咸淡，直至煨烂即成。也可根据自己的喜好，在加入牛肉汤的时候，放白萝卜或土豆。

3. 清烧鱼

原料：鱼1条，胡萝卜末1勺，扁豆末1勺，食盐、植物油、白糖和料酒各适量。

制作方法：把鱼剖腹清洗干净，放入碗里加少许食盐、料酒、葱、姜末浸泡片刻；把择洗干净的胡萝卜和扁豆切成碎丝放入鱼肚子里；把炒锅置火上放入少许植物油加热，放入鱼煎炸片刻，加少量水和白糖盖上盖，焖烧约15分钟即可出锅。

4. 什锦猪肉菜末

原料：猪肉20克，胡萝卜、西红柿、葱头、柿子椒少许、食盐和肉汤适量。

制作方法：先将猪肝、胡萝卜、西红柿、葱头和柿子椒末切成末；将猪肉末、胡萝卜末、柿子椒末和葱头末一起放入锅内，加入肉汤煮软后，再放入西红柿稍煮片刻，放少许食盐即可。

四、1岁10个月至2岁幼儿喂养及营养学评估

1. 2岁时体重增长为出生时的4倍

男童,体重:12.3～13.1千克,身高:84.6～87.2厘米。

女童,体重:11.9～12.7千克,身高:84.0～86.0厘米。

2. 喂养评估

评估内容、评估结果见表10-2。

表10-2 1岁10个月至2岁幼儿喂养评估

分类	评估内容	评估结果		
		差	中	优
母乳或配方奶	次数或量	无母乳或配方奶	乳制品过多	2次或300毫升左右
辅食的质量	均衡膳食	偏重某食物	基本均衡	均衡膳食
	粮食(粗、细粮)	少于100克	100～150克	150克以上
	肉、鱼、蛋	少于50克	50～100克	100克以上
	绿色蔬菜	少于100克	100～150克	150克以上
喂养行为	与家庭成员一起用餐	无	偶尔	经常
	用杯子、勺子吃饭	有时	经常	完全
	强迫孩子吃饭	经常	偶尔	无
	鼓励孩子吃饭	无	偶尔	经常
零食	数量	随时吃、量多	3次以上量较多	1～2次适量
患病及患病时喂养	近1～3月内患病次数	1次以上	偶尔	很少
	患病时是否禁食	是	部分	不禁食
	患病后是否增加额外食物	不增加	少许	增加
	是否注意食物和饮水清洁	不	有时	很注意

第十一章　对食物的偏爱与挑剔

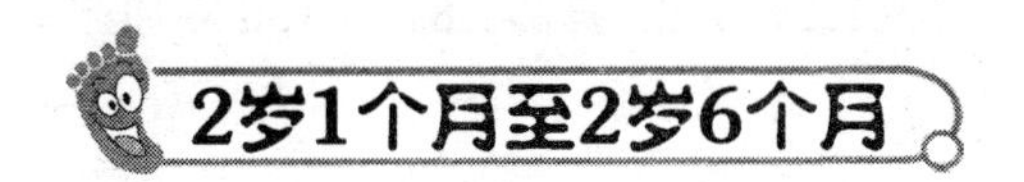

开头语：

《平衡膳食宝塔》这一膳食指南同样能很好地适用于儿童。儿童时代，生长发育迅速，代谢旺盛，所需的能量和各种营养素相对比成年人高。

患病时应增加流质食品，并增加母乳喂养的次数，鼓励进食软、易消化、营养丰富的食物，病后应喂养比平时更多的食物。

——辅食添加10原则之九(WHO/UNICEF,2002)

喂养要点：

每日饮食中供给热量1 200千卡，蛋白质35～40克，维生素A 1 100～1 300国际单位，胡萝卜素2～2.4毫克，维生素$B_1$0.7毫克，维生素C 30～35毫克。

以上营养素需要粮食(粗、细粮)150～200克，牛奶250～400毫升，肉、鱼、蛋100克，蔬菜150～200克(橘红色蔬菜1/3)，豆制品25～50克，水果50～100克。

指南

一、幼儿与学龄前儿童膳食

两岁幼儿身高、体重仍增长迅速，身体活动的本领增强，活动量大增，会上楼梯及玩游戏等，因此需要的热能与营养素要比 1 岁婴儿有所增加。

1. 两岁幼儿每天应吃多少食物

一个两岁幼儿每天应供给的热能为 1 050～1 200 千卡，较 1 岁时约高出 200 千卡。蛋白质 40 克/日，钙、铁、锌和维生素类基本与 1 岁幼儿相同。将上述营养推荐量折合成具体食物粮食量为 150～200 克，蔬菜数量与粮食量大致相同，也为 150～200 克，水果 50～100 克，鱼、肉、肝、蛋总量约 100 克，豆类制品约 25 克，每天至少吃 250 毫升的牛奶或豆浆，适量的油及糖。有的幼儿活动量大或生长发育较快，或者是男童，食量还要大些。

2. 保证获得足够的钙质、铁质

这一阶段，儿童最容易缺乏的营养物质仍主要是铁、锌、钙，因此一些富含各种营养成分的食品，可以拿来作为学步儿童的加餐食品。每日供给配方奶或奶制品为 250～400 毫升，注意供给蛋和蛋制品、半肥瘦的禽畜肉、肝类、加工好的豆类及蔬菜类。炒鸡蛋、豆制品和小虾皮，这些都可以提供丰富的钙质和蛋白质。可以做一些小的豆腐、虾皮鸡蛋饼，也可以用切成小块豆腐干、豆皮、奶酪片或奶酪块让孩子选择着吃。煮烂的鸡肉丁、肝脏、猪肉、牛肉等含有丰富的铁质，也可将椰菜花蒸熟做成水果沙拉，这时孩子就可以大吃一顿了。

3. 食物的几种合理搭配

食物的合理搭配是均衡膳食的保证。它包括干稀搭配，即最好不要吃单一干的或稀的食物，例如在吃稀粥时可以搭配吃些营养价值高的食物，像小包子，菜馅合子等。粗细搭配，即粗粮和细粮的搭配，例如甘薯、玉米面、杂豆就是一种粗粮，与大米和白面搭配着吃可以做到营养互补。生熟搭配，有一

些能生吃的蔬菜尽可能生吃，这样营养就损失小。荤素搭配，比如肉类、鱼、叶菜类、菜花类蔬菜搭配，这样既能使我们得到丰富的维生素和矿物质，又能保持酸碱平衡。

特别提示：2～3岁幼儿营养和喂养建议

食物种类多样化，每日食物最好大于4类（乳类、谷类、禽肉、蔬菜水果等）。

满足幼儿自己动手吃饭的愿望，尝试自己吃饭，不因弄脏环境而批评他。

鼓励孩子进食，表现好的时候及时给予表扬，食欲差时不强迫。吃饭时间不宜过长，不边吃边玩。

二、对食物的偏爱与厌恶

这一阶段，宝宝对于自己要吃的东西有很多的见解，包括在哪里吃和什么时候吃，甚至是用什么样的碗吃饭。

1. 没有任何一种食物是非吃不可的

两岁大的宝宝会开始表现出对某些食物的偏好和厌恶的态度。在某个阶段，宝宝会突然出现只吃某种食物，对其他食物一点也不感兴趣的情况。这时不要坚持宝宝一定要吃某种食物，因为没有任何一种食物是非吃不可的。可以选择其他营养相当而可取代的食物来代替，只要随时为孩子提供各式各样的食物供宝宝选择，他一定能做出选择并吃得很健康，即使他只挑爱吃的东西也比什么都不吃强得多。

2. 选择时机，让宝宝尝试新的食物

让宝宝尝试新的食物时最好在他肚子饿的时候，这样他比较容易接受。不要将他不喜欢的食物和其他食物混在一起以蒙骗宝宝，或利诱他，或告诉他吃下不爱吃的食物就奖赏他爱吃的东西，有时这样做会导致宝宝连其他食物也不吃了。强迫宝宝吃东西时也许他会吃一些，但大多他只会吃一点来敷衍你，所以不要强迫宝宝吃不喜欢的食物，但也不要忘了选择时机，不断的尝试。

3."儿童小食品"要慎重

儿童喜爱的小食品，大多为膨化食品、油炸食品和甜食。如油炸虾条、薯条薯片、果冻、方便面、甜饮料等，还有各种糖果蜜饯、冰淇淋等，这些食品具有色彩鲜艳诱人，包装漂亮醒目、口味好，广告宣传攻势强等特点来吸引儿童。这些小食品一是会明显影响正餐，还会失去对食物本身味道的好感，容易使孩子没有胃口；二是不安全，多种香精、色素、甜蜜素等添加剂都会损害孩子的健康。

4. 选择你的应对方式

如果你默默地顺从了孩子的这些挑剔习惯，你的孩子就不用费力地永远做下去。如果你坚持要按照自己的方式，结果只能是让他认为这是一场重要的战役，你是不会赢的。不要总是问他想要吃什么，这个选择给了他太大的权利，而以他的年纪还没有能力去决定这么大的问题。那么你要做的就是保证所有的食物都是有营养的，让孩子从通常会喜欢的几种食物中任其选择。

5. 解决餐桌战争的方法

在餐桌上遇到战争时，首先你可以尝试让他离开餐桌，然后在几个小时后规定的就餐时间再试一次。开始的时候先给他一些有营养的小吃，如酸奶和饼干或水果。把这些小吃放在一个盘子里，然后跟其他食物一起吃。不要盯着他看，也不要等着他吃。如果他仍然拒绝吃东西，干脆就让他暂时离开餐桌，而不要再去喂他。不要担心，一个2岁大的健康孩子是不会让自己饿着的，到了下一次正常的就餐时间，他应该就已经准备好吃饭了，但不要在两餐之间不断地给他各种小食品，以免影响他吃下一餐的胃口。

三、如何培养出健康的喂养行为

两岁的孩子可能是一个挑食专家，他两只眼睛时时紧盯住你看。给他营养丰富的食物并且你自己也要好好吃饭，这是培养他良好的饮食习惯的最好方法。

1. 父母是最好的榜样

当遇到你不爱吃的东西，千万不要当着宝宝的面说"真难吃"之类的话，否

则时间长了，你就会在无意识中给宝宝灌输了这种思想，宝宝也会受你的影响，不爱吃这些食物。父母亲对孩子饮食行为习惯的影响常常表现在身教上，孩子对食物的接受往往模仿父母或家中的其他成年人，久而久之，孩子便养成愿意接受他所看到的成年人吃的食物的习惯。要知道，孩子不仅会学习你好的习惯，也会学你坏的习惯。

2. 让孩子参与进来

家长可以通过食物的购买、制作影响孩子的饮食行为和营养摄入，可带孩子去超市买些各种式样的蔬菜和水果等，也可让幼童走入厨房，让孩子在厨房帮忙，让他看看煮着的土豆，如何用面粉制作成面团和面片，找找在小包子馅中加的虾米在哪？用了哪些原料？此时，你会发现孩子非常喜欢在厨房帮小忙，此时父母不要担心他们弄脏或弄坏东西，例如倒水、剥菜叶、清洗蔬菜水果等。而且如果按他的组合方式做，他会更高兴地吃，因为他认为这是他自己准备的食物。

特别提示：喂养人与孩子之间的积极互动

喂养行为不是单纯的父母给孩子喂吃的，而是喂养人与孩子之间的互动，给孩子营造一个没有干扰的进食氛围和良好的吃饭环境。家长要学会看懂孩子的饥饿信号，用积极的口头或目光鼓励孩子进食，这是一种精神上的交流。当不如意时，千万不要着急，在吃饭时不要强逼孩子吃这吃那，无论孩子吃什么，你都应觉得开心。父母让孩子自己从餐桌上挑选他爱吃的菜肴，而不是根据自己的喜好来挑食物给孩子吃。也不要因孩子挑食，而把吃饭的时间变成训斥孩子的时间，影响全桌吃饭的情绪。

3. 经常与孩子的照看者交流

如果你不能亲自为孩子制作饭菜和亲自给孩子喂饭，你就一定经常询问孩子的其他照看人，孩子每天都在什么时间吃饭及吃了些什么？如果他的饮食结构不理想，同照看者讨论一下这件事情。孩子们会从不同的照看环境中学到很多东西，况且孩子的饮食结构是有很大变化余地的。如果可能的话，你可以偶尔同孩子一起吃午餐。通过孩子的日常反应和精神状况就可以初步判断出孩子的喂养是否得到了改善。

爱心门诊

一、常见问题

1. 婴儿需要吃蛋白粉吗

蛋白粉主要由大豆提炼而成，蛋白质含量相对较高，但不能作为婴幼儿食品。一是由于婴儿对营养的需求是复杂的，蛋白质只是婴儿所需的营养成分之一，蛋白粉不能提供全面的营养。宝宝每日食物中的牛奶、鸡蛋、鱼虾都含有丰富的蛋白质，一般儿童很少缺乏蛋白质。二是婴幼儿的各个器官都未发育完全，蛋白粉的蛋白质含量太高，很容易加重婴儿的肝肾负担，造成肝肾损伤。

2. 儿童时期的“生长痛”

3岁或更大些的儿童时常出现的一种莫名的双腿疼痛，他们白天蹦跳嬉戏，一刻也不停顿，却经常于晚上出现疼痛，这种疼痛或许很轻微，可能是膝盖，有可能是下肢的其他部位，可能痛到让小朋友从睡梦中醒过来。经过家长或医生的查找，往往找不出疼痛的原因。对于这一类的疼痛，经详细问诊及检查，排除其他的可能性后，就可以考虑为生长痛。医学上对这一种疼痛也没有很好的解释，只知道一旦孩子长大后，这种疼痛就不再发生了。

3. 为什么只吃粮食，人也会长胖

婴儿不吃母乳或牛奶，只吃米粉也能长胖，幼儿吃汤泡饭也能长胖，但这种孩子并不是皮下脂肪厚，也不是肌肉发达，而是虚胖，医学上称为“泥膏样”，即

摸上去肌肉松软，不结实。这种孩子抵抗力较差，一旦生病或者腹泻，人马上就会瘦下去。有的孩子出现另一种极端现象，只吃菜不吃饭，这种孩子的体重也达不到正常的水平。因为他们吃的饭太少，不能满足人体每天基本热能的需要。所以，各种食品都要吃一些，不要偏食和挑食，才能保证身体强壮。

4. 坚持让孩子每天都吃些蔬菜

孩子应当多吃蔬菜，这一习惯应当从4～6个月时就开始，而且要一直坚持下来从不中断，婴儿渐渐长大，食物构成应逐渐与大人靠近。妈妈应当定时定量在孩子的食物中添加新品种，同时必须与原来吃的食品搭配在一起，蔬菜在任何一个阶段都是必需的食物之一。许多做母亲的人抱怨说，孩子不吃蔬菜，这往往是坚持不够或是强迫孩子吃蔬菜造成的。有些妈妈想方设法地给孩子变换蔬菜品种。其实用不着这样，有胡萝卜、白菜和土豆这些家常菜就可以了。尤其是冬天用不着非得买温室里长的蔬菜。

二、生理与营养学知识

1. 体重控制后，孩子的运动能力明显改善

有的孩子一直胖乎乎的，在运动能力检查中发现，他们的运动技能比同龄的孩子发育总是慢半拍。从他们的体重曲线上看，大多都在正常值范围的上限。因为体型偏胖这些孩子不喜欢运动。因此建议先从调整孩子的体重入手，建议不要在睡觉前给孩子吃东西，每天的饮食要定时定量，可以用低能量的蔬菜替代部分粮食。通过一段时间调整，他们的体重增长的速度会逐渐变慢。随着身高的增长，体型慢慢也变得适中，你会发现孩子们的运动能力明显比以前灵活了。

2. 哈佛膳食宝塔的最佳食物

这一健康膳食宝塔虽然主要是针对成人的，但对于处在快速生长期的儿童来讲同样具有指导意义。合理营养膳食包括有8大类：鱼类海鲜、坚果种子、植物油、蛋类、肉类、绿叶蔬菜、低糖水果和全谷麦类。在各类食物中，最佳的海鲜是深海鱼和虾，最佳的种子是大豆和花生，最佳的蔬菜是西兰花和大蒜，最佳的

水果是樱桃和草莓类。

3. 什么叫强化食品

在一些食物中，加入某种或几种经常容易缺乏的营养素，来增加其在膳食中的含量，以满足人体的需要，这种改进营养素的做法，称为营养强化。这样的食品称为强化食品。由于儿童生长发育的营养需求和饮食单一的特点，在儿童膳食，尤其是婴幼儿膳食中采用强化食品以提供所需的各种营养物质，对保证儿童健康成长和防止出现各种营养缺乏症是非常必要的。

4. 使用强化食品的目的

首先，强化食品可以使一种食品尽可能满足儿童的全面营养需要。如婴儿配方奶粉，即在奶粉中加入营养素使其成分和母乳成分尽可能近似，大多婴儿米粉也是很好的强化食品。其次，强化食品可以补充食物在加工处理过程中所损失的营养素，如在精米和面粉中添加维生素 B_1 和维生素 B_2，以补充谷物加工时 B 族维生素的损失。再有，需要补充某些特殊营养素，如使用碘强化食盐，供给当地居民使用，防止地方性甲状腺肿的发生和流行，在酱油中添加铁以防止铁缺乏在人群中的发生。

三、食谱及制作方法

1. 辣子乌鸡

原料：乌鸡一只，糖、醋、胡椒粉、香油、味精各少许。

制作方法：乌鸡洗净后切成小块，放在一大碗里，调上酱油，少许糖、醋、胡椒粉、香油、味精、姜，入味后放入油锅中不停翻动，然后继续焖烧，直到水干出锅。

2. 奶油鸡肉片

原料：鸡肉 50 克，西兰花 3 瓣，肉汤 1 杯，奶油调味汁 1/2 杯，食盐适量。

制作方法：将西兰花用开水焯一下切碎。将鸡肉切成片加肉汤煮，加入奶油调味汁，煮至黏稠时加食盐调味，再放入西兰花煮一会即成。

3. 牛肉饭

原料：蒸好的米饭半碗，牛肉末 1 勺，白糖、酱油、料酒各少许，油菜末 1 勺。

制作方法：把牛肉末放入锅里加入少许白糖、酱油、料酒，边煮边用筷子搅匀；将煮好的牛肉末放在米饭上面一起上火焖熟后，将择洗干净的油菜上火煮熟切碎，撒在牛肉饭上即可食用。

四、2岁1个月至2岁6个月幼儿喂养及营养学评估

1. 身高、体重增长

男童，体重：13.1～14.3千克，身高：87.2～92.2厘米。

女童，体重：12.7～14.0千克，身高：86.0～91.7厘米。

2. 喂养评估

评估内容、评估结果见表11-1。

表11-1　2岁1个月至2岁6个月幼儿喂养评估

分　类	评估内容	评估结果		
		差	中	优
乳制品	次数或量	无乳制品	乳制品过多	2次或300毫升左右
辅食的质量	均衡膳食	侧重某种食物	基本均衡	均衡膳食
	粮食(粗、细粮)	少于100克	100～150克	150克以上
	肉、鱼、蛋	少于50克	50～100克	100克以上
	绿色蔬菜	少于150克	150～250克	250克以上
喂养行为	与家庭成员一起用餐	无	偶　尔	经　常
	挑食、偏食	完　全	经　常	有　时
	强迫孩子吃饭	经　常	偶　尔	无
	鼓励孩子吃饭	无	偶　尔	经　常
零　食	数　量	随时吃、量多	3次以上量较多	1～2次适量

续表

分　类	评估内容	评估结果		
		差	中	优
患病及患病时喂养	患病时是否禁食	是	部　分	不禁食
	患病后是否增加额外食物	不增加	少　许	增　加
营养缺乏性疾病	缺铁或缺铁性贫血	严　重	轻　微	无
	佝偻病	严　重	轻　微	无
	锌营养缺乏	严　重	轻　微	无

第十二章　富裕家庭孩子的营养不一定富裕

2岁7个月至3岁

开头语:

目前我国儿童营养缺乏的主要原因是营养知识的缺乏,它直接影响到孩子是否能真正得到充足、丰富的食物和科学的喂养。

辅食的安全制作与储备:做饭和进餐时父母、孩子应洗手,饭做好后应立即妥善存放。餐具、碗筷要清洗干净,避免奶瓶喂饭(不易保持清洁)。

——辅食添加10原则之九(WHO/UNICEF,2002)

喂养要点:

早餐:豆浆或牛奶100~200毫升,馒头(面粉50克),炒鸡丁(鸡肉30克,胡萝卜30克,植物油5克),炒豆角(豆角30克,植物油10克)。

午餐:蛋炒饭(大米75克,西红柿100克,鸡蛋25克,植物油5克),海米冬瓜汤(冬瓜30克,海米10克),午餐后点心(饼干20克)。

晚餐:黄瓜炒猪肝(猪肝25克,黄瓜100克,植物油5克),花卷(面粉30克),大米粥(大米25克),牛奶100毫升。

零食:1~2次,牛奶100~200毫升,饼干1块,西瓜100克。

指南

一、幼儿饭菜的家庭制作

幼儿饭菜的家庭制作，既应注意到均衡的营养，又要注意食品的安全、卫生和减少在烹饪中营养素的损失。

1. 选购优质原料，保持清洁

购买新鲜及质量好的水果、蔬菜和肉类。去掉水果和蔬菜上面所有的污迹和腐烂的部分，去掉禽肉上面多余的脂肪。在处理任何生的或者熟的食品前用热的肥皂水彻底清洗双手。在烹制前要将所有的食物清洗干净，用一块菜板切水果和蔬菜，用另一块菜板切肉，这样将有效地防止交叉污染。保持烹饪用具及用品的清洁，包括炊具和抹布。

2. 如何减少在烹饪中营养素的损失

蔬菜要先洗后切，水果要吃时再削皮，以防水溶性维生素溶解在水中，以及维生素在空气中的氧化。蔬菜最好旺火急炒与慢火煮，这样维生素C的损失少。用白菜作馅蒸包子或饺子时，将白菜中压出来的水，加些白水煮开，放入少许盐及调味品，喝下可防止维生素及矿物质白白丢掉。合理使用调料，如食醋可起到保护蔬菜中B族维生素和维生素C的作用。在做鱼和炖排骨时，加入适量醋，可促使骨骼中的钙质溶解，有利于人体吸收。用容器蒸或焖米饭，和捞米饭相比前者维生素B_1和维生素B_2保存率高。

3. 如何储存婴儿食品

储存婴儿食品的冰箱温度应该调节到摄氏4度或者稍微再低一点，冷冻婴儿食品的温度应该在0度以下。冷藏室里的食品应该在两天以内使用，冷冻食品应该在2～4个月内使用。需要的时候，将食物冰冻块取出来，在冷藏室里面化冻，或使用微波炉进行化冻。每次拿一小部分，以免吃不完浪费，使用微波炉可以将化冻和加热一次完成。如果你是使用微波炉化冻并加热婴儿食品的，加

热后一定要先搅拌均匀，喂食前要充分搅拌，以免其中的热气烫着孩子。

二、防止长期饮食不合理

中国大约1/3的婴幼儿患缺铁性贫血、佝偻病、锌缺乏、亚临床维生素A缺乏。这些营养素缺乏会对儿童身心健康造成危害。

1. 低收入家庭孩子饮食结构反而优于富裕家庭

最近我国一项调查发现，婴幼儿铁元素的摄入状况最好的是城市中每月食品支出最低的家庭。随着家庭月收入的增加婴幼儿铁元素摄入状况逐渐降低，最差的为8 000元以上高收入家庭的婴幼儿。此外，钙和锌元素的摄入也存在类似问题。也就是说，婴幼儿体内微量元素摄入情况，与家庭收入成反比，低收入家庭孩子饮食结构的合理性反而优于富裕的家庭。

2. 挑食、偏食的危害

厌食时间过长会导致儿童营养不良、多种人体必需的营养素缺乏，会影响孩子获得全面均衡的营养。挑食、偏食的饮食行为还会使孩子的依赖心理得到发展。如果孩子的脸色看起来苍白，皮肤缺乏光泽和弹性，孩子比平时不爱活动、情绪不稳定、过分依赖大人，说明孩子身体某些方面已经出了问题，应当及时找出原因并给以纠正。一般来说，孩子挑食、偏食往往与爸妈喂养知识出现偏差有关，此时请教有经验的家长或是营养师会有一定帮助。

三、奶及奶制品对儿童健康的重要意义

儿童、青少年时期骨量的增加有助于提高成年时期的峰值骨量，从而降低中老年发生骨质疏松和骨折的危险性。

1. 不要把含奶饮料当牛奶喝

我们讲的奶，包括液体奶（鲜牛奶）、发酵奶（酸奶）和固体奶（各种奶粉），其各种营养成分应接近鲜牛奶，即每100毫升乳液中蛋白质含量不得低于2.5克。含乳饮料从根本上讲它是饮料，而不是鲜牛奶，含乳饮料的蛋白质等营养

成分只相当于鲜牛奶的1/3左右。经常食用含乳饮料，往往会影响孩子的食欲。长此以往，会影响儿童的营养，以及体格发育和智力发育。

特别提示：孩子应当喝多少牛奶

1～3岁孩子每天需要600毫克的钙质，如果其中的半量要通过乳类获取的话，每天喝400～600毫升牛奶就够了，如果用普通大小的杯子来计算的话，这是两到三杯的量。如果其他饮食钙营养丰富，奶量还可以减少些。国内外营养食品专家一致认为，每天平均饮用一定量的牛奶，能明显提高儿童的全身骨量密度，成年人45%的骨量是在青春期形成的。但如果儿童喝了太多的牛奶，这样他们就没有胃口再吃别的东西了。这样，虽然他们的体重增加正常，但是他们的饮食结构并不均衡。

2. 为什么喝牛奶多了会导致贫血

牛奶和母乳中铁的营养成分都很低，喝太多的牛奶会妨碍孩子通过其他食物对铁质的吸收，从而导致缺铁性贫血。如果你的孩子每天喝200毫升牛奶，就没有必要担心。如果孩子喝牛奶1 000毫升，实际能被生物利用的铁仅为0.05毫克，几乎为零(实际生物利用应达到0.8毫克)。如果减少喝牛奶的量，可增加儿童对其他含铁丰富食物如瘦肉、蔬菜摄入量，让孩子能得到比较多的含铁丰富的食物。

3. 并不是所有的孩子都可以喝牛奶的

少部分儿童体内会形成对抗牛奶的抗体，将牛奶视为一种外来的侵害。当一个孩子有这种过敏的时候，即使只是喝了很少量的牛奶，几分钟后就会出现呕吐、腹泻及面部、口唇或整个身体瘙痒、哮喘及呼吸困难等症状。不过，这种严重程度的过敏反应不是很常见。如果你的孩子有这些症状的话，你必须避免给他任何含有牛奶成分的食品。大部分的孩子长大后这种症状会自然消失的。但是如果这些症状是在孩子3岁后开始出现的，那么这种过敏就极有可能会伴随孩子一生。

4. 乳糖不耐受较过敏反应更为常见

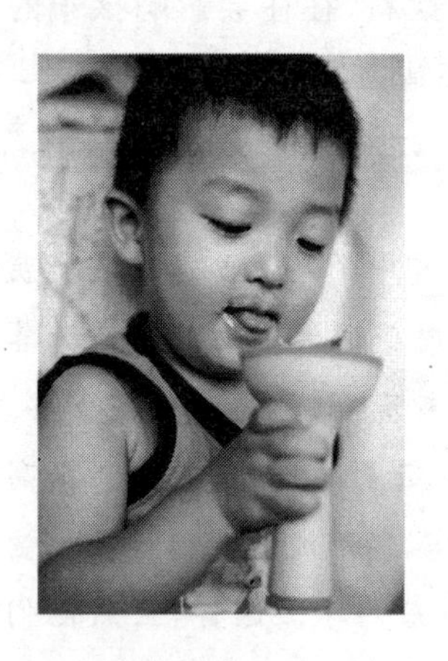

乳糖是牛奶中含有的一种糖，对于很多人来说这是一种很难消化的糖分。患有乳糖不耐受的人，根据饮用牛奶数量的多少会出现不同程度的胀气及腹痛等症状。很多患乳糖不耐受的孩子可以吃酸奶和奶酪等奶制品，但就是不能直接饮用纯牛奶。乳糖不耐受有家族遗传倾向，一般不会出现在低于3、4岁的婴幼儿身上。年龄较小的孩子患腹泻的时候，也会出现暂时性的乳糖不耐性，通常只会持续几个星期。

爱心门诊

一、常见问题

1. 孩子不强壮，不是“补”字当头

增强体质是靠均衡营养和良好的饮食行为及良好的抗病能力和生活习惯等铸就的。如果“补”字当头，就会出现本末倒置。体质不好首先不是先要补什么，而是要科学的分析和找出问题所在。孩子的饭菜是孩子营养的主要来源，应该怎样吃、吃多少、吃什么食物，如果家长认识有误区，孩子的营养和生长发育的问题就一定会表现出来。过分强调进“补”的家长大多不懂如何做到均衡膳食和如何培养孩子吃饭的兴趣。

2. 全脂奶、低脂奶、脱脂奶的区别

一般情况下，1～2岁的孩子喝全脂奶，2岁以上有肥胖倾向的孩子可以选择低脂奶。这种建议是基于一种理论，即人体需要脂肪让大脑和神经在出生后的头二年满足需求，而这是脂肪含量较低的牛奶所无法提供的。但实际上做出这样的选择还应注意家族是否有高胆固醇及早期心脏病的病史，你的孩子体重的增长是否正常等，两岁以内的孩子不必限制脂肪的摄入，而两岁以

上的孩子应注意限制脂肪的摄入量的观念是合理的，尤其对待有肥胖倾向的儿童更是如此。

3. 方便面不是理想食物

方便面是面粉经过高温油炸而制成的，单纯的淀粉食物对于儿童来说不是理想的食物；其中的蛋白质、维生素等均严重不足，营养价值较低，还常有脂肪氧化、添加剂、防腐剂等问题，常食用不利于健康。如果放着丰盛的饭菜不吃，偏偏喜欢食用方便面，就会导致偏食和膳食的不均衡，久而久之就会引起营养不良。

特别提示：饮水要注意安全

饮水的主要作用是为人体补充水分，但水中的矿物质和其他微营养素仍不失为人体营养素的来源之一。儿童的食物单一，营养素的摄入不均衡，因此也需要从饮水中得到一些矿物质，这对儿童身体是非常有益的。在这种情况下，纯净水不适宜作为他们的惟一饮用水。补充水分要少量多次，每次以一小杯为好。无论在那种情况下，饮水第一要考虑的问题仍是安全。

4. 喝什么水有利于孩子健康

白开水是少年儿童最好的天然饮料，白开水进入人体后可以立即发挥新陈代谢作用，调节体温、输送养分。煮沸后自然冷却的凉开水最容易透过细胞膜，促进新陈代谢，增强免疫功能，提高机体抗病能力。在整个婴幼儿期各种矿泉水、纯净水、蒸馏水的选择往往都是受广告宣传的影响，宜慎重。儿童不宜饮用含酒精及咖啡因的饮料，要尽量少喝碳酸饮料等软饮料，碳酸饮料偏酸性，并添加蔗糖或其他糖类，经常喝会影响食欲，增加孩子患龋齿的危险，还会引起肥胖。

二、生理与营养学知识

1. 在菜谱中增加一些藻类或海带

碘是人体生命中必不可少的一种微量元素，是身体制造甲状腺素的原料，因此与人体的生长发育和新陈代谢有着重要的关系，尤其对大脑的发育起着重

要作用。一个人一生中所需要的全部碘元素加在一起，只不过1汤匙左右，但关键是这些碘元素必须在人生旅途中不断地、少量地补充、吸收和利用。6岁以下的小儿每日摄入应达到70微克，为成人的一半。人体内的碘80%～90%来自于食物，如海带、紫菜及各种海产品，它们都是碘的良好来源。因为需要量低，如果通过其他途径补碘，很容易导致过量甚至中毒。

2. 油炸食品不健康

油炸食品如炸鸡翅、炸鸡腿、油条、油饼、油炸花生仁、煎鸡蛋等口感好，许多人爱吃，对孩子也特别有诱惑力；长期大量食用这些食品则对健康有害，同样会祸及儿童。因为油脂的共同特点是含热量高，100克植物油的热量高达869千卡。在临床上见到许多小胖子，他们的共同嗜好是爱吃炸鸡翅、炸鸡腿，个别孩子竟然一顿饭就可以吃掉几只炸鸡翅。

许多油炸食物（如油条、油饼等）在制作过程中需要加入含铝的膨化剂，已有研究发现铝元素在脑细胞中的沉积对大脑健康不利。食物经高温煎炸处理，可产生有致癌作用的多环芳烃，如炸薯条中发现会产生高浓度致癌物质丙烯酰胺。油炸食物用的食用油往往都是反复使用，因此非常容易产生脂质过氧化物的累积，这些脂质过氧化物可促使机体生病。

3. 人造黄油（即氢化油）对儿童健康危害大

氢化油是将普通植物油用工业方法加氢、饱和，成为固态或半固态的油脂从而增加食品的香味和宜人的口感。凡是包装上标注有植物黄油、植物奶油、人造脂肪、氢化油、起酥油等不同名称的都无一例外地含有这种物质。凡是用“氢化油”生产的食品均含有反式脂肪酸，而反式脂肪酸对人体健康的危害很大。目前含反式脂肪酸的各种西式奶油蛋糕，巧克力派、蛋黄派、苹果派、草莓派，威夫饼干，巧克力等食品充斥市场。咖啡伴侣中也含有氢化油，冰淇淋中也大量使用氢化棕榈油生产的植物奶油。

4. 反式脂肪酸严重损害儿童的智力

由于大脑中大约60%的固体物质是脂肪（细胞膜、神经髓鞘等），它们由人类从食物中所摄入的脂肪转化而来。当被称为垃圾脂肪的反式脂肪酸摄入人体后，它会直接进入大脑细胞，一般的天然脂肪吸收后7天就能够被代谢排出

体外，然而反式脂肪酸需要51天才能被分解代谢、排出体外。因此，它更容易取代对儿童大脑发育有益的优质脂肪酸的位置，例如二十二碳六烯酸(DHA)、二十碳四烯酸(EPA)、γ-亚麻酸(GLA)、花生四烯酸(AA)等，使孩子智力下降，变得笨而迟钝。喜欢吃炸鸡腿、炸薯条的人普遍缺乏健康需要的OMEGA-3脂肪酸。

三、食谱及制作方法

1. 萝卜鸡

原料：鸡肉末5勺，白萝卜片3勺，海米汤适量，白糖少许。

制作方法：把洗净的白萝卜切成薄片，放入开水里烫一下捞出控去水分；将海米汤倒入锅里上火煮开，放少许白糖和食盐，再把鸡肉末、白萝卜片放入锅里，边煮边用筷子搅拌至煮熟，出锅即可食用。

2. 炒面条

原料：挂面50克，胡萝卜末2勺，虾仁3个，植物油、番茄酱、白糖各少许。

制作方法：把胡萝卜、虾仁洗净切碎；放少许植物油于炒锅内，置火上烧热，把胡萝卜末、虾仁末放入锅内煸炒入味；将煮软的挂面捞出放入炒锅，与胡萝卜末、虾仁末一起煸炒至熟时，放入少许番茄酱和白糖，煸炒均匀即可出锅。

3. 黄瓜沙拉

原料：黄瓜1/2根，橘子4瓣，火腿肠末2勺，葡萄干2勺，酸奶4勺，食盐少许。

制作方法：先把黄瓜洗干净去皮切成小片，再把葡萄干用开水泡软洗干净；将洗干净的橘子去皮去子后切碎，把火腿肠上火蒸10分钟取出切成小方块，然后把加工好的黄瓜、泡软的葡萄干和研碎的橘子瓣、火腿肠一起放入小碗里，加上酸奶拌匀即可食用。

4. 鸡茸玉米面

原料：鸡胸肉30克，玉米粒20克，干面条60克。

制作方法：将鸡胸肉与玉米粒剁碎；面条置于滚水中煮5分钟；加入鸡胸肉与玉米碎粒，一起煮至面条熟烂即成。

四、2岁7个月至3岁幼儿喂养及营养学评估

1. 体重、身高增长

男童，体重：14.3～15.0千克，身高：92.2～96.3厘米。

女童，体重：14.0～14.8千克，身高：91.7～95.7厘米。

2. 喂养评估

评估内容、评估结果见表12-1。

表12-1　2岁7个月至3岁幼儿喂养评估

分　类	评估内容	评估结果		
		差	中	优
乳制品	次数或量	无乳制品	乳制品过多	2次或300毫升左右
辅食的质量	均衡膳食	侧重某种食物	基本均衡	均衡膳食
	粮食(粗、细粮)	少于100克	100～150克	150克以上
	肉、鱼、蛋	少于50克	50～100克	100克以上
	绿色蔬菜	少于150克	150～250克	250克以上
喂养行为	与家庭成员一起用餐	无	偶　尔	经　常
	挑食、偏食	有　时	经　常	严　重
	吃剩饭菜	经　常	偶　尔	无
饭菜家庭制作	选购优质原料	不注意	一　般	很注意
	保持清洁	不注意	一　般	很注意
零　食	数　量	随时吃、量多	3次以上量较多	1～2次适量
营养缺乏性疾病	缺铁或缺铁性贫血	严　重	轻　微	无
	佝偻病	严　重	轻　微	无
	锌营养缺乏	严　重	轻　微	无

第十三章　共享吃饭的快乐

开头语：

出生后头3年是大脑发育的关键期，在此期间保证儿童的营养摄入很重要。营养不良造成的低智商可能反映在儿童认知方面的缺陷，这有可能导致儿童和青少年出现行为偏差。

进餐时尽可能不分散注意力，进餐时是面对面亲切交流的好机会。

——辅食添加10原则之十(WHO/UNICEF,2002)

喂养要点：

以谷类食物为主，米饭、馒头、花卷、面包、包子、饺子是蛋白质和能量的主要来源。多吃蔬菜、水果和薯类，以保证维生素、矿物质和纤维素的来源。每天吃奶类及豆制品(豆浆)2~3杯，可补充充足的钙和优质蛋白质。每日有一定量的瘦肉、鱼、禽和蛋类，提供儿童生长发育必需的营养元素。家庭可多做包子、饺子、丸子、馅饼让孩子食用，其中所含的面、菜、肉和油是营养较均衡的膳食。

指南

一、幼儿膳食的基本要求

均衡膳食包括食物中能量、各种营养素摄入的量与质要适合幼儿营养的要求。质量就是要注重儿童每日吃的食物的选择是否合理。

1. 3岁幼儿一日膳食的需求与安排

3～6岁的幼儿，每日膳食需要谷类6份。相当于1/2个面包、1/2碗熟米饭、1/2碗熟面条、30克谷物制品的合计量。每日膳食需要蔬菜3份，相对于1/2碗剁烂生或熟蔬菜、1碗绿叶生蔬菜的合计。水果2份，相对于1片水果、3/4杯纯果汁、1/2碗罐装蔬菜、1/4杯干蔬菜。奶类包括1杯牛奶或酸奶，30克奶酪。肉类包括60～90克煮熟瘦肉、禽类或鱼、1/2杯煮熟的干豆类或1个鸡蛋（相当30克瘦肉）、2汤匙花生酱（相当30克瘦肉）。限制从脂肪和糖里摄取过多热量。

2. 如何保持幼儿膳食的均衡

来自动物性食物蛋白质的数量不少于蛋白质总量的50%。如果每日膳食以稀汤、稀粥粮食为主时，由于蛋白质、脂肪的不足、蛋白质的搭配不合理而导致幼儿生长发育迟缓。相反，如果幼儿只吃蛋、肉、鱼等，不吃或很少吃粮食类食物，则会发生碳水化合物的供给不足，同样使儿童出现能量的缺乏。因此，幼儿膳食中应包括谷类粮食、蔬菜水果、奶制品和蛋禽肉类等，在食物种类和数量的选择上要合理，达到各种食物在营养成分上的互补作用，从而真正做到均衡膳食。

3. 幼儿饭菜要适合生理特点

蔬菜需要完全煮熟，最好是蒸熟，因为这样可以保存更多的维生素和矿物质。但是要避免蒸的时间过长，以免破坏主要的营养成分。要将肉类煮至全熟，采用的烹饪方法包括烤、烘，避免煎炸，因为过多的饱和脂肪对婴儿机体不

利。将食品搅拌成泥糊状或剁碎至想要的质地和硬度。不要过多添加盐、糖或调味品，宝宝会喜欢这些新鲜而且没有调味品的食物本身特有的味道。保留蒸蔬菜及烹调肉类时候的汤汁，如果需要的话，你可以使用它们来稀释宝宝的食物。

4. 幼儿的合理进餐

幼儿一般可以安排为一日三餐及餐后两次点心的“三餐两点”的饮食方式。3岁的孩子咀嚼能力增强了，食物就不必切得太碎小，肉可以切成薄片、小丁、细丝等。牛奶或以牛奶为主的饮料是非常好的点心，含丰富蛋白质、钙质及B族维生素。应在他发脾气、疲倦、要喝奶之前就给他端上加餐。不要催促孩子快速进餐，不要经常给孩子像巧克力、可乐这样的食物、饮料，由于它们含高热量成分，只会提高孩子摄取的能量，但这些饮料中缺乏多种维生素和矿物质。

5. 应对过敏食物

1～3岁之内孩子有7%～8%属于过敏性体质的儿童，近年来还有上升的趋势。除了遗传因素外，食物也能诱发病情发作，牛奶、禽蛋等动物性食品是其罪魁祸首。控制发生过敏简单的解决方法是减少这些食品的摄入，多吃糙米、蔬菜，使孩子的过敏性体质得到改善。这里的奥妙在于糙米、蔬菜供养的人体细胞生命力强，又无异体蛋白进入血流，所以能防止过敏和特应性皮炎的发生。大米、小米、燕麦等也是过敏几率小的食物。

二、3岁儿童良好的饮食行为

理解了喂养就等于理解了如何抚育儿童的主线。在孩子发展的不同阶段，弄清孩子的需要，给予恰当的喂养，这样能够使家长理解并支持孩子在其他领域的正常发展。

1. 良好饮食行为的建立

为确保膳食合理，应做到一日三餐，定时、定量、不偏食；根据需要可再加上一、两次零食。吃饭时间不要超过30分钟，不可边吃边玩或边看电视。饭前洗手、饭后刷牙漱口，不随便将任何物品放入口内，不吃不干净食品，爱惜食物、不

浪费，掉在地上的食物不可吃。父母要做的事情就是给孩子做好一日三餐，不要将就，也不必过于复杂，孩子要做的事情就是吃掉它。

2. 孩子餐桌上的礼仪

让你的孩子同你们一起坐在餐桌旁，可以在厨房里，也可以在餐厅的餐桌旁吃饭，但要做到定时、定点。吃饭的时候是大家一起交流的时间，坚持每天同家人一起吃饭的孩子饮食往往更合理。3 岁的孩子已经准备好学习餐桌上的礼仪了，也可以在开饭前帮助布置餐桌，摆好筷子，他会喜欢家庭就餐的这些习惯和程序。要不失时机地教他学会说"请"、"谢谢"等句。尊重和让孩子参与，从餐桌的礼仪、言行开始规范孩子的心理和行为是最自然和有效的教育场合和方式。

3. 与孩子共享吃饭的快乐

虽然 3 岁的孩子对于自己想要吃什么仍然有十分明确的见解，但是比起上一年来，他现在已经愿意尝试新的食物。他或许会因为某些食物的颜色和形状而喜欢上它们。对孩子不愿意吃某种食物，可以发挥你的创造力来改变他的膳食爱好，比如以有趣的方式将这些食物重新摆放，换一种新的餐具或在食物上摆放一点新鲜的水果造型等。每一顿饭可以多准备几种食物，如米饭、花卷或一碗面食，这样的话，即使你的孩子不喜欢吃其他的东西，他还可以从这些常规食品中进行选择，从而满足他最起码的食物来源。

三、儿童营养与行为偏差

出生后的头3年是大脑发育的关键期，营养不良造成的低智商可能反映在儿童认知方面，这有可能导致儿童和青少年出现行为偏差。

1. 任何时候都要以鼓励为主

带孩子去购物，让他帮你挑选要买的食物。做饭时要注意变换花样，哪怕是山珍海味，时间长了，宝宝也会腻的。对于吃饭速度较慢的孩子，要有耐心，哪怕宝宝只是吃了一点点的平时不喜欢吃的食物，也要开心地表扬他。有时邀请小伙伴来跟宝宝一起进餐也是个好方法，如果看到别的小朋友吃某种食物，孩子即使不喜欢，他也有可能去试一试，从而影响他的喜好。任何时候都要以鼓励为主，因为这时的孩子已有选择的权力了。

2. 维持大脑功能必不可少的营养物质

大脑是生命的总指挥部，虽然大脑只占我们体重的2%，但却消耗了人体吸入氧气总量的1/4，独自消耗人体所吸收的能量的15%～20%，而其中葡萄糖居多；它是大脑喜欢的“燃料”之一，因为它能以最快的速度提供大脑所需的能量。对于孩子来说，他们的葡萄糖存储量不多，却比成年人消耗得要快，因此大脑的正常运转的主要燃料来自葡萄糖。而大脑的发育则离不开脂肪酸，氧气的充足供应是维持大脑正常功能必不可少的。

3. 多动症儿童在饮食上应注意什么

有的学者对多动症儿童的饮食进行了调查，发现了一些影响因素，并力求在饮食中避免相关因素的刺激。白糖对小儿的神经系统有不良影响，它导致小儿情绪不稳，焦躁不安。因此，对小儿每天白糖的摄取提出了限量，限量定为每天5～20克。还有的调查显示，多动症小儿的氨基酸摄入量增加，尤其是摄入酪氨酸最多，其次是色氨酸。氨基酸是构成蛋白质的基本成分，氨基酸的摄入量增加，说明富含蛋白质的食物摄入过多。因此，在安排小儿饮食时，在保证满足一日蛋白质需求量的基础上，还应当限制高蛋白饮食的摄入，尤其是要防止牛奶、鸡肉、牛肉和香蕉等食物的过多摄入。

4. 常见的益智食品有哪些

生活中，一些食物对促进大脑的发育、大脑功能的开发、防止脑神经功能障碍等会起到一定的作用。这些食物包括鱼类、蛋类、动物的内脏、大豆及其制品、蔬菜、水果及干果等。这些食物的共同特点是除含蛋白质外，还含有不饱和脂肪酸及钙、铁、维生素 B_{12} 等成分，它们都是脑细胞发育的必需营养物质。有些食物中的卵磷脂经肠道消化酶的作用，释放出来的胆碱直接进入脑部，与醋酸结合生成乙酰胆碱。乙酰胆碱是神经传递介质，有利于智力发育，改善记忆力。

特别提示：精加工的细粮不宜多

哈佛膳食金字塔把精制米面从美国农业部膳食金字塔的塔底放到了塔顶。也就是说，目前市场上大量摆放的精白米、白面包等不但不能作为主要热量来源（占55%～65%）；相反，这些“单一精加工的细粮”，需要避免或严格控制。

爱心门诊

一、常见问题

1. 吃水果可以取代吃青菜吗

水果的糖分含量及其热量比蔬菜高，同时含较多的维生素。而蔬菜中的矿物质含量比较高，尤其是深绿色叶菜，集合了丰富的维生素、矿物质及纤维素。即使蔬菜本身，也不是只吃绿色叶菜就能满足，还要摄取红、黄、橘、紫等各种不同颜色的蔬菜。不论是蔬菜还是水果，要常变换种类，尽可能做到多样化，这样才能充分摄取不同食物中不同的营养素。有些人用水果取代青菜、用果汁替代水果，这些做法显然不科学。

2. 儿童早餐吃什么

对于小宝宝，早餐最好以奶制品为主，它含有丰富的蛋白质、钙质等以利于

孩子的骨骼健康。此外还要有些谷物粮食类食物，如面包、馒头，最好同时还有些蔬菜或水果，这样的搭配，既营养均衡又容易消化吸收。有的家庭，大人早餐以喝米粥加点大饼、油条为主，孩子也跟着吃同样的早餐。实际上，早上以喝粥为主对于正在生长发育期的幼儿来说，并不是最好的早餐选择，因为米粥中所提供的热量和营养都不能满足孩子一上午活动的消耗。

3. 儿童什么时候开始刷牙

可以用干净的棉布或棉球擦拭小婴儿牙齿表面不清洁的部位。孩子3岁左右，一旦懂得如何把口中的水吐出来，就可开始使用儿童牙膏。父母可先用清水做实验，让孩子先练习漱口，学习如何将口中的水吐出。当你看到孩子已懂得如何漱口时，就可开始与他玩刷牙游戏。让他看你如何刷牙，再教他模仿你的动作。真正开始让孩子使用儿童牙膏时，得先让他用非常小量的牙膏，让他习惯牙膏的味道，千万不可强逼他。

4. 儿童“果汁饮料综合征”

有一类儿童任性，感情冲动，注意力不集中，学习成绩较差，观察发现这些儿童可能与食用过多人工合成色素有关。他们每天从可乐等碳酸饮料和各种软饮料中摄取的热量，达到了膳食提供总热量的1/3。这些孩子往往表现出食欲不振，坐不住、好动、情绪不稳定、吃饭时经常吵闹，时常发生腹泻等等。研究还发现，偏爱碳酸饮料的儿童，大约有60%因为缺钙而影响正常发育，由于可乐等饮料中磷含量过高，过量饮用会导致体内钙/磷比例失调，影响骨骼生长，造成儿童发育迟缓。

5. 碳酸饮料中的空能量作用

由于饮料、特别是碳酸饮料中普遍含有大量白糖，白糖由于被高度提纯了，所以没有任何营养，只有能量，被称为“空能量食物”。日常饮食中，人们是通过消化吸收食物中的营养获得能量，而喝饮料是直接从白糖中摄取能量，由于白糖只有能量没有其他营养，一罐可乐(335毫升)所含的能量为144千卡，相当于孩子吃50克馒头或散步40分钟所消耗的能量。孩子经常摄入这些毫无营养的能量后，就会不停地折腾，发生坐不住、静不下来的多动症状！

二、生理与营养学知识

1. 大脑的发育就好像一台计算机

孩子出生时脑重量为350～400克,6个月时为出生的2倍,两岁末为出生的3倍,3岁时婴儿脑重已接近成人脑的水平。这一时期营养不足将会直接影响脑细胞的发育,形成脑组织不可恢复的障碍,包括宝宝将来智力,语言能力等。近年来,神经学家证实,儿童早期经历可极大地影响脑部复杂的神经网络结构,即人类大脑的实际结构是由出生后的经历——实际生活中接受到的所有信号刺激而不单是由遗传决定的。大脑的发育就好像一台计算机一样,孩子生来就配备了硬件,而早期的营养以及良性生活经验则为计算机提供了可发挥各种功能的软件(表13-1)。

表13-1 不同年龄阶段大脑平均重量 （克）

年 龄	大脑重量
胎龄20周	100
出生	400
18个月	800
3岁	1100
成人	1300～1400

2. 0～3岁——大脑发育的关键期

3个月时,婴儿视觉皮质的细胞联系达到最高峰,2岁内大脑的每个神经细胞都与大约一万个其他神经细胞相连,每秒钟能向相邻的细胞发送100个以上的信息。由于儿童早期经受的图像、声音、面部表情乃至婴儿微笑后母亲以微笑回答等一系列简单经历都使大脑神经细胞的联系(称为突触)如同小树的树枝树根一样迅速生长得根深叶茂。此阶段是人生心理发展与学习能力形成的关键时期,也就是说,在这一时期,人类对某种知识与行为最易获得,错过这个

时期，就不能获得或达到最佳水平。在今后的年代里，人们只有将就地使用现有的大脑了。所以，孩子长大后一切可最终成为慷慨仁爱的美德都源于孩子早期的经历。

3. 富含 DHA(二十二碳六烯酸)的食物

婴幼儿无法自己制造足够脑细胞与神经发育所需的 DHA，它须由母乳或是婴儿配方奶中获得。母乳中 DHA 含量丰富，喂哺母乳的婴儿，在视觉发展及智能认知发育方面大有好处。目前，我国常见的婴幼儿辅食主要是米粉糊、蔬菜、水果、鸡蛋等，这些辅食不含 DHA，因此不能提供婴幼儿发育所需的足量的 DHA。而一般海产食物多含有 DHA，尤其深海的鱼类，如鲑鱼、沙丁鱼等含 DHA 较多，而且在鱼眼球附近的脂肪组织含量最丰富。在选择市场上销售的 DHA 产品首先要注意安全，有的产品带有较浓的腥味，说明 DHA 已被氧化，不能购买。

三、食谱及制作方法

1. 乱　炖

原料：茄子、土豆、芸豆、辣椒、西红柿、胡萝卜、肉、食盐、油等。

制作方法：将上述食物加上少许食盐，放在一起连炒带炖，出锅时少许勾点芡。也可将胡萝卜、豆角、橘子皮切成丝放在一起，用上述方法连炒带炖。

2. 鸡肝面条

原料：挂面半碗，熟鸡肝末 2 勺，鸡蛋液 2 勺，小白菜末 2 勺，香油、酱油各少许。

制作方法：把肉汤放锅内置火上煮开，放入挂面煮开锅，加入少许酱油和食盐再煮片刻，待挂面快熟时放入鸡肝末、小白菜末和鸡蛋液，滴上一点香油即可。

3. 豆腐炒鸡蛋

原料：鸡蛋 1 个，豆腐 1/2 块，菠菜叶 5 片，海带清汤 2 小匙，酱油少许。

制作方法：将菠菜用热水焯一下，切碎，豆腐用开水焯一下捣碎；在捣碎的豆腐里加海带清汤和适量酱油煮至汤干；将切碎的菠菜放入鸡蛋糊里搅匀并放在一起用筷子搅，炒熟凝集之后关火。

4. 鸡肉凉菜

原料：鸡肉 50 克，胡萝卜 1 个，绿萝卜 1/2 个，酱油少许。

制作制法：将熟鸡肉撕成细丝，胡萝卜和绿萝卜煮熟后切成小块；把材料拌在一起，加入酱油调味。

四、3 岁幼儿喂养及营养学评估

1. 身高、体重增长

2 周岁～12 周岁身高≈年龄×5＋75(厘米)，平均每年长 5 厘米。

男童，体重：15.0 千克，身高：96.3 厘米。

女童，体重：14.8 千克，身高：95.7 厘米。

2. 喂养评估

评估内容、评估结果见表 13-2。

表 13-2　3 岁幼儿喂养评估

分　类	评估内容	评估结果		
		差	中	优
饭菜质量	均衡膳食	侧重某种食物	基本均衡	均衡膳食
	粮食(粗、细粮)	少于 100 克	100～150 克	150 克以上
	肉、鱼、蛋	少于 50 克	50～100 克	100 克以上
	绿色蔬菜	少于 150 克	150～250 克	250 克以上
喂养行为	与家庭成员一起用餐	无	偶　尔	日　常
	挑食、偏食	经　常	偶　尔	无
	自己吃饭	有　时	经　常	完　全

续表

分 类	评估内容	评估结果		
		差	中	优
饭菜家庭制作	选购优质原料	不注意	一 般	很注意
	保持清洁	不注意	一 般	很注意
零 食	次 数	随时吃	3次以上	1～2次
	数 量	量 多	量较多	适 量
营养缺乏性疾病	缺铁或缺铁性贫血	严 重	轻 微	无
	佝偻病	严 重	轻 微	无
	锌营养缺乏	严 重	轻 微	无

第二部分

吃什么、吃多少、怎样吃得精准

第十四章　婴幼儿喂养的基本过程

特别提示：婴幼儿喂养的阶段性

在生命的最初6个月应对婴儿进行纯母乳喂养，以实现最佳生长、发育和健康。之后，为满足其不断发展的营养需要，婴儿应获得营养充足母乳之外的辅食，同时继续母乳喂养至出生的第二年。在6个月到1周岁之间的过渡期，消化器官发育成熟，乳齿逐渐长出，此时小宝宝便应尝试固体食物。同时为了满足快速生长的需要，食物的选择应当多样化，动物性食物的比例适当增加。到1岁以后的成长期，小宝宝应当开始享用家庭食物。在添加固体食物过程中，大人要逐渐减少用奶瓶喂食的次数，改用碗、小勺、杯子等餐具进食。

指　南

一、0～6个月婴儿的全部饮食——母乳或配方奶

1. 纯母乳喂养和持续的时间

母乳喂养应在生后半小时内尽早开始，从出生到生后直至4～6个月尽量做到纯母乳喂养。在这段时间内任何母乳以外的食品都可能会影响到婴幼儿营养物质的摄入。母乳以外的水和食品，例如米汁、果汁的营养价值远远比不上母乳的营养价值。虽然母乳喂养的优点已被大部分母亲所认识，并且

准备或开始给婴儿喂哺母乳，但最后还是有很多母亲因为各种原因放弃了母乳喂养。

2. 产后尽早开奶，初乳的营养最好

妈妈产后头几天所分泌的乳汁称之为初乳，这些奶水比较日后分泌的奶水显得黄、浓且量较少，但却能满足新生儿的需求。初乳较成熟乳中的蛋白质含量高而脂肪与乳糖较低，适合于婴儿消化特点。初乳含有较多的抗体与活的生物因子，初乳蛋白质高主要含大量免疫球蛋白，蛋白质中70%为乳清蛋白，酪蛋白较少。这些物质就像给婴儿打了预防针，能够保护他抵抗大多数日后可能遇到的细菌与病毒。而且，初乳有如轻泻剂，可以帮助婴儿排出胎便，可以预防日后出现的黄疸。

3. 频繁的母乳喂养

因为新生婴儿的胃的容量大约只有1/4杯子奶量(50毫升)，因此婴儿经常饥饿，这就需要频繁喂养，每90分钟到2小时喂一次。当宝宝出现饥饿的暗示时，例如吸吮他的嘴唇、手指或小拳头时，试着在他开始哭闹之前就做好喂奶的准备。频繁喂养不会宠坏宝宝，他会让你学会如何了解宝宝的需要。频繁的母乳喂养会使你有许多机会使你与你的宝宝得到放松。频繁的哺乳对你的乳汁充足分泌和宝宝体重的增加很重要。过一段时间，他会慢慢变得有规律，通常3～4小时喂一次。

4. 不宜过早断掉母乳

通常情况下，宝宝在1～2岁断奶是正常的。此时宝宝的消化器官发育渐趋完善，咀嚼和消化功能增强，能适应断奶了。在此期间，在正常母乳喂养的前提下，宝宝能够做到一日三餐，合理膳食，此时母乳仍然是一种理想的天然食物，在这种情况下，母乳吃到出生后第二年是可能的。宝宝长时间吃母乳惟一要注意的是宝宝过分依赖母乳，如果宝宝2岁了还离不开奶瓶，或只吃母乳不吃其他食品，原因就在于妈妈没有把握住断奶期过程中添加辅食的时机。辅食没有添加或添加过晚，会让宝宝从心理上对它不认可，在触觉和味觉上有生疏感，最终导致吃辅食困难。

5. 防止过度喂养

通过在正常生长曲线上连续记录婴儿体重的监测很容易发现体重增长是否过快。由于肥胖问题可能开始于婴儿期的过度进食，所以尝试控制体重的增长是有意义的，尤其是父母双方都肥胖的婴儿（这样的婴儿肥胖的几率达80%）。应回顾超重婴儿每天的摄食情况，鼓励父母控制喂养量。辅食添加一定要在适当的时间并且量要适度。过快生长的宝宝所添加辅食的首选种类应当是低热卡的菜泥而不是蛋黄和米粉。

二、6～12个月婴儿母乳喂养与辅食的统一

1. 开始的辅食不能影响吃奶量

如果6个月之内，母乳充足或配方奶喂养使宝宝生长状况良好，也就是说精神好、睡眠好、体重增加正常，此时不必着急添加辅食；应当好好把母乳或配方奶吃好、尽可能吃得充足。如果母亲希望早些尝试一些辅食，那么量一定不能多，次数仅1～2次即可。在此阶段，乳类仍是宝宝最理想的食物，而不是辅食；如果辅食影响了吃奶的兴趣和吃奶量，那就得不偿失了。这时候你给宝宝选择的各种辅食其营养价值可能都比不上母乳。

2. 循序渐进的过程

宝宝做好开始喂辅食的准备，通常在6个月左右。一次只能介绍一种新食物，添加辅食过快过量，会加大宝宝肠胃负担，引起吐奶或腹泻。添加辅食最好安排在宝宝喝奶之前，这样不会因为饱胀感而无兴趣尝试辅食。也可以在宝宝吃奶后紧接着喂几勺米粉，这样可以避免两次喂奶中间添加辅食而对下一次吃奶的影响。将食物盛在碗内，用小匙一口口地喂，开始时一次只能一茶匙，逐渐增加辅食的量。当宝宝具有一定的抓握力后，可鼓励他自己拿小匙，让宝宝渐渐适应成人的饮食方式。如果宝宝性格比较温和、吃东西速度比较慢，千万不要责备和催促，以免引起他对进餐的厌恶。你和宝宝的情绪都会影响宝宝对新食品的兴趣。

3. 吃“手指抓取食物”是个阶段性标示

到8个月时，婴儿如想通过吃米粥这类食物来达到能量和营养素的全部要求会显得力不从心。8个月以后婴儿的生理功能与吃饭的能力已逐渐适应了一些固体食品，例如小块的面包、馒头、细面条都是极好的选择。大约8个月时，这时最理想的食物是可以用手指抓取的食物，即手指方便抓握的固体食品，无疑它的能量和营养素含量要明显高于泥糊状半固态食物。宝宝在吃这些“手指抓取食物”时大多仅仅经过口唇、舌头的搅拌而并未经过牙齿的咀嚼直接吞咽下去，但也完全可以被消化掉。因此，8个月左右的宝宝是否开始吃“手指抓取食物”是评估辅食添加是否合理的阶段性标示，它标示着宝宝这一阶段的食物和喂养方式是否合理。

4. 有耐心、不放弃

第一次吃新的食品时，宝宝可能会吐出来，这是因为他还不熟悉新食物的味道，但并不表示他不喜欢。即使宝宝不喜欢某种口味的辅食，也不应该放弃，还要让宝宝多尝尝这种口味。宝宝接受一种新食物往往要反复尝试十次以上，因此需要父母有耐心。选择在宝宝心情好而且不太饿的时候添加，并且多多鼓励。不要强迫喂他吃，可以等第二天再试一试，如果宝宝还是拒绝，那就干脆过两三个星期后再试。坚持让宝宝尝试不同口味的新食物，是避免宝宝偏食的一种好方法。

三、1～3岁幼儿从辅食添加到家庭饭菜

1. 婴幼儿进食量的自我调控

幼儿期和成人期肥胖与儿童早期营养状况的关系已越来越受到关注。有很多研究证实心血管疾病、糖尿病等慢性疾病与婴儿期的饮食营养有一定的相关性。许多发达国家近几年也在婴幼儿喂养指南中提出了相关条款，以指导婴儿健康饮食，预防可能发生的成人期慢性病。美国心脏病协会（AHA）发布的《儿童和青少年膳食推荐》在2岁以下婴幼儿指南中提出，对婴儿发出的吃饱信号要给予反应，不要给婴儿吃得过饱，婴幼儿对总能量摄入可以自我调控，如果

孩子不饿时不要强迫进食。其中还具体描述了一些婴儿饥饿或吃饱的信号，可以供家长或婴儿看护人参考。

2. 在良好环境下规律进食

很多家长在给婴儿添加新的食物时，常常喂一两次婴儿拒绝吃后就放弃了。婴儿接受一种新的食物是需要一个过程的，家长不妨坚持一下，多尝试几次。喂水等液体时，家长可以帮助婴儿用杯子饮用。用食物作为奖励的方式并不利于儿童和家长之间良好关系的发展，建议家长要避免用食物作为奖励，可以用表扬和拥抱作为奖励。家长要鼓励儿童多进行有益的体力活动，而不鼓励2岁以下儿童看电视，或边看电视边吃饭，以预防肥胖。

3. 适量刺激未尝不是好事

一些医生会告诫家长，防止孩子过敏或对肉食不消化的最佳方法是只给婴儿吃温和、少刺激的食物。但是研究发现，没有证据显示对无家族食物过敏史的孩子也有必要这样做。一些经验显示只吃无刺激食物反倒会导致孩子更容易过敏。就像打疫苗一样，适量刺激未尝不是好事。有的经济富裕家庭他们只习惯喂婴儿少数几种清淡容易消化的食物，其实，大多数婴儿6个月大时就可以安全进食多种食物，给孩子提供多样化食物有助于他们长大后适应不同种类的食品。

4. 喂养行为应遵循社会心理学原则

随着婴儿渐渐长大，父母应当掌握帮助喂养与自己动手吃饭之间的关系。积极的口头鼓励，而不是口头或身体上的强迫。具有保护性和舒适的喂养环境。了解孩子的特性，保持良好的情绪与气氛。改进辅食喂养行为，不应仅注意喂养人，更应关注整个家庭。

注意喂养时孩子与大人的相互作用，帮助大些的孩子进餐，让孩子有饥饿感。进餐时应鼓励，缓慢而有耐心，不可强迫。当孩子拒绝某些混合食物时，可逐一品尝，进餐时尽可能不分散注意力，进餐时也是面对面亲切交谈的好机会。逐步增加辅食的干硬程度和品种，以适应营养和吃饭能力发展的需要。

爱心门诊

一、常见问题

1. 2～4个月婴儿喂养问题及其建议

理想喂养方式：纯母乳喂养。

问题：不能做到纯母乳喂养。

建议：多次按需母乳喂养，每天至少8次，4个月前只喂母乳，停止喂其他食物如糖水、果汁、米汁、配方奶。

问题：母亲试图纯母乳喂养，但感觉母乳不足。

建议：保持正确喂奶姿势，增加哺乳次数和每次喂奶时间。

问题：由于母亲工作原因不能纯母乳喂养。

建议：在出外工作前后及每天晚上都要尽可能母乳喂养，把母乳挤在一个容器中，在母亲不在时用勺子和杯喂。

问题：因孩子有病停止母乳喂养。

建议：孩子患病时应更频繁地母乳喂养，否则孩子的体质会减弱。

问题：孩子用奶瓶喂养。

建议：增加母乳喂养，逐渐停止奶瓶喂养，如无法避免(如母亲无母乳)，正确使用杯子和勺子喂配方奶。

2. 4～6个月婴儿喂养问题及其建议

理想喂养方式：继续纯母乳喂养，如孩子有以下情况（在母乳喂养后每天发生一到两次），则开始辅食添加：对半固体食物有兴趣，或母乳喂养后出现饥饿，或儿童体重不增加或增加缓慢。

问题：母乳喂养被其他食物替代或减少得太快。

建议：无论白天或夜晚，按需给予母乳，如孩子仍显得饥饿，母乳喂养后给予辅食。

问题：孩子已用奶瓶喂养。

建议：停用奶瓶，用杯子和勺子替代。

3. 6～12月龄婴儿喂养问题及其建议

理想喂养方式：继续母乳喂养，如喂母乳，一日添加辅食3次；如无母乳，一日添加辅食5次，每次辅食量建议如下：6、7、8、9、10至11个月婴儿每次分别喂6、7、8、9、10、11勺（1勺大约15克）。

注意辅食的多样性，不能因为婴儿的一次拒绝而放弃，重复给予20次以上，可增加接受的机会。食物的性质适合年龄的需要，不过稀或过稠。练习自己用手指抓食物吃，培养动作的协调性。按需喂养，固定喂养人，喂养时注重与婴儿的情感交流和互动如目光接触、微笑、点头。

除配方奶和水可以用奶瓶来喂食外，全部的食物都用勺子来喂，孩子需要用勺子来学习吃饭，任何情况下不要使用婴儿奶瓶喂食食物。

问题：由于添加辅食停止母乳喂养。

建议：配合辅食继续母乳喂养。

问题：未开始辅食喂养或辅食营养成分太低。

建议：给予类似水果泥、米粉和果泥的混合物，改善辅食质量，加入蛋白质如肉、蛋等，采用固体或半固体形式给予辅食。

问题：辅食的量不够（次数或每餐的量少于该年龄的推荐量）。

建议：增加辅食量，每餐额外增加一勺食物，直至达到推荐水平。

问题：孩子食入食物的次数及量达到推荐水平，但种类太少。

建议：每天每餐变化食物的种类，如米饭/土豆＋鸡肉/鸡蛋/豆腐＋绿叶蔬

菜/红色蔬菜＋椰子油。

问题:孩子已用奶瓶喂养。

建议:停用奶瓶,用杯子和勺子替代。

4. 1～3岁婴儿喂养问题及其建议

理想喂养方式:继续母乳喂养,应用家庭普通饭菜加额外食物,每日至少5次,例如每餐至少10勺。

问题:由于给予家庭饮食,母亲停止母乳喂养。

建议:直至2岁尽量继续母乳喂养,如有可能,重新尝试母乳喂养。

问题:尚未给予孩子家庭饮食。

建议:给予孩子家庭饮食,如:米、豆腐、鸡、肉、蛋、蔬菜、汤等。给予有营养的零食,如香蕉等。

问题:孩子开始吃家庭饭菜,但种类少,营养成分低。

建议:通过增加蛋白质来源,如:牛肉、豆腐、蛋、鸡肉,来改进近期所给食物的质量,改变孩子食物的种类,每天每餐变化不同的食物。给予高能量的零食,如香蕉等。

问题:孩子喂养量不充足(如每日少于5次或每次少于10勺)。

建议:额外加一餐,慢慢增加餐次,直至每日吃5次,每餐额外增加一勺食物直至每餐10勺,每日至少2次营养零食。

5. 学龄前儿童营养的需求

学龄前时期的小儿生长速度比前一阶段要慢一些,但他们仍在继续生长发育,大脑的发育日趋完善,随年龄增长,由于活动量增大了,营养素的需求也必然增多。

学龄前儿童在饮食中需要足够的蛋白质,而蛋白质在食物中主要存在于谷类食物、豆类食物、动物性食物中。学龄前儿童每日必须供给250毫升牛乳或1～2两动物性食品和豆类食品。

钙是构成骨骼的重要原料。学龄前儿童每天需要钙800毫克,饮食中要注意供给含钙丰富的食物,如奶类、豆类及其制品,芝麻酱、海带、虾皮、瓜子仁及绿叶菜等。提倡孩子多到户外活动,多晒太阳,因阳光中的紫外线能使皮肤中

的脱氢胆固醇转化成维生素 D_3，从而有助于钙的吸收。

蔬菜和水果是食物中维生素 C 的主要来源，应选择一些绿叶蔬菜，如小白菜、油菜、苋菜、菠菜等。同时多吃一些生的蔬菜如西红柿及水果等，平均每人每天应供给 200～300 克蔬菜为宜。

二、生理与营养学知识

1. 低盐饮食，不限制脂肪摄入

对于成年人，降低膳食中钠的摄入可以预防高血压和心血管疾病的发生。对于婴儿，限制食物中钠的摄入更为重要。因为婴儿肾脏功能还未发育完善，摄入过多食盐可能会危及婴儿的健康。婴儿到 1 岁时应该能适应多种食物了，并且食物质地也应该从泥糊状或颗粒状食物过渡到固体状，而其中的盐也会随之而来。

大多数国家婴幼儿喂养指南中建议，对于婴儿不应该限制脂肪的摄入，脱脂或半脱脂牛奶并不适于 2 岁以下儿童。对于 0～6 个月的婴儿，脂肪是重要的能量来源，用母乳或婴儿配方奶喂养的婴儿，由脂肪提供的能量约占总食物摄入能量的 50%。6～24 个月前，婴幼儿摄入的脂肪供能也要达到总能量的 40%左右。而成人这一摄入量推荐为 30%。

2. 市场上的配方奶粉

以牛奶为基质的婴幼儿配方奶将牛奶经过适当处理，使其与母乳接近，并与孩子的月龄和生理状况相符，配方奶粉它将较大的牛奶蛋白分子分解成较小的片段，以使宝宝更加容易消化。为了避免孩子的湿疹和其他过敏性疾病，目前有一种新的水解蛋白奶粉，它又分为完全水解和适度水解蛋白奶粉，前者用于治疗目的，而后者主要用于预防。

3. 为什么 1 岁的孩子还不会吃饭

1 岁左右的宝宝大多已学会啃、咀嚼和吞咽的吃饭技能。但我们也常常看到一些孩子，在吃了比较硬些的普通饭菜后就含在嘴里，有的甚至出现恶心或者都吐了出来。其实主要原因就是孩子吃稀软流质食物时间太久，没有抓紧时

机(咀嚼、吞咽敏感时期在6～8个月)训练这种技能,自然,这些孩子的营养摄入往往无法达到要求。一些家长常常把宝宝的食物用粉碎机打得很细,宝宝吃起来很容易,恰恰是这一做法剥夺了孩子学习吃固体食物的机会。

第十五章　吃什么，合理选择

特别提示：0～3 岁宝宝应该吃什么

宝宝出生至 4 个月甚至到 6 个月，全部的食物就是母乳或者配方奶。6 个月以后宝宝辅食添加可以分三步走，6～8 个月为第一步，为泥糊状食物阶段，随着宝宝一天天长大，要做到食物的多样化，吃稀软食物持续时间不宜太久。第二步，9 个月至 11 个月，为添加固体食物阶段，吃可以用手指抓取的食物，必须抓住孩子学习吃饭这一敏感时期的训练与培养。第三步 12 个月至 24 个月，为学习吃家庭普通饭菜阶段，经过第二阶段的实践，宝宝会顺利进入这一阶段的。当然，此时的食物仍要适合宝宝的消化能力。

指　南

一、坚持母乳喂养的理由

1. 母乳中的蛋白质

正常人乳蛋白质含量 1.1～1.3 克/100 毫升，由酪蛋白和乳清蛋白组成，富含必需氨基酸，营养价值高，在胃内形成凝块小。母乳的蛋白质成分随哺乳期可能有所改变，但是一般而言浓度恒定，不受母亲营养状况影响。

母乳的蛋白质含量是最低的，但是利用率最高，可以利用最低的蛋白质含量、最高蛋白质利用率来满足婴儿的需求，没有过多的蛋白质的问题，没有

过多的对肾脏的影响。尽管母乳蛋白含量非常低，但是功能蛋白的构成非常齐全。

2. 母乳中的脂肪

母乳中脂肪球少，且含多种消化酶，加上小儿吸吮乳汁时舌咽分泌的舌脂酶，有助于脂肪的消化。故对缺乏胰脂酶的新生儿和早产儿更为有利。此外，母乳中的不饱和脂肪酸对婴儿脑和神经的发育有益。母乳中脂肪以细颗粒的乳剂形态存在，是供给能量的重要物质，占总热量的40%。

母乳的脂肪，首先是高含量，母乳脂肪平均是100毫升有4.5克脂肪，这比牛奶要高。这种高脂肪使母乳能够形成高能量密度，这种高能量密度能够适应婴儿胃的容量，让他可以获得最好的营养。婴儿只能吃液态食物，又达到高能量，同时不增加肠道负荷，这种情况下，母乳就适应这种环境形成高脂肪结构，以满足婴儿生长发育快速的需求。

3. 母乳中的碳水化合物

母乳中所含乳糖比牛羊奶含量高，对婴儿脑发育有促进作用。母乳中所含的乙型乳糖有间接抑制大肠杆菌生长的作用。而牛乳中是甲型乳糖，能间接促进大肠杆菌的生长。另外，乙型乳糖还有助于钙的吸收。人乳中的乳糖是供给热量的主要来源，但过多会导致发酵过盛，刺激肠蠕动，引起腹泻。母乳中含乳糖较多有利于婴儿快速生长对钙的吸收。

4. 母乳中的矿物质

母乳所含的能量与牛奶相同(67千卡/100毫升)，但许多重要营养素，如蛋白质、钠、钾、镁和锌的含量远较牛奶低，通常为牛奶含量的1/3～1/2。

其他物质包括激素、生长因子、免疫物质、白细胞、低聚糖、核苷酸等。这些非营养物质对婴儿健康都可产生近期和远期的作用。

5. 影响母乳成分的营养因素

乳母营养对乳汁成分的影响主要在于母亲过去的营养状况，如果储备丰富，短时间不足不致影响奶的质量，可自母体储备中抽取营养物质供给泌乳。但储备有限，尤其水溶性维生素，如乳母摄入不足，可很快就使乳汁中含量减

少。

几乎所有的母亲都能提供优质的母乳，不管母亲的饮食如何，人乳中都含有 ω-3 脂肪酸、胆固醇、牛磺酸，对脑的发育非常重要。

母亲的饮食应保持平衡，应避免可能引起肠绞痛的食物，如大蒜、洋葱、豆类、卷心菜、巧克力和大量外来的或季节性的水果（瓜、桃子），除非跟踪显示婴儿对此能耐受。

母亲疲劳和情绪紧张比其他任何因素都更容易引起奶量减少，以至不能满足婴儿需要。

6. 母乳营养最适合婴儿成长的需要

母乳营养包含了蛋白质、脂肪、乳糖、铁、盐分、钙、磷、各种维生素及水分，还有一种能够消化脂肪的脂肪酶。尽管一般的配方奶中也含有这些成分，但重点在于，母乳中含有的营养成分的量能恰好满足婴儿成长所需，不会太多，也不会太少。例如，母乳中的铁质含量不高，但这是因为母乳中的铁质较容易让宝宝消化、吸收，使婴儿不会产生缺铁性贫血。

二、母乳与其他乳类的比较

1. 母乳含有婴儿所需要的各种营养

尽管科学家与营养学家不遗余力地改良乳制品，使其营养价值尽量接近母乳，但始终无法取代母乳的地位。

人乳和牛乳中乳清蛋白与酪蛋白的比例不同。人乳中乳清蛋白占总蛋白的 70%以上，与酪蛋白的比例为 2∶1。牛乳的比例为 1∶4.5。乳清蛋白可促进糖的合成，在胃中遇酸后形成的凝块小，利于消化。而牛奶中大部分是酪蛋白，在婴儿胃中容易结成硬块，不易消化，且可使大便干燥。

母乳脂肪平均是100毫升有4.5克脂肪，这比牛奶要高，这种高脂肪使母乳能够形成高能量密度，这种高能量密度能够适应婴儿很小的胃容量，让他可以获得最好的营养。

母乳的低聚糖含量非常高，这是母乳基本构成，而且低聚糖种类超过100种，这些低聚糖使孩子的肠道建立一个非常好的防御体系。低聚糖大部分都不能通过人工合成。

母乳矿物质含量满足婴儿需求，不增加肾脏负荷，比如钙质，是牛奶的三分之一都不到，但是可以满足婴儿的需求。母乳中锌的吸收率可达59.2%，而牛乳仅为42%。母乳中铁的吸收率为45%～75%，而牛奶中铁的吸收率仅为13%(表15-1)。

表15-1 母乳与配方奶的营养成分比较 (每600毫升)

品 种	能量（千卡）	蛋白质（克）	铁（毫克）	钙（毫克）	磷（毫克）	钠（毫克）
母 乳	420	6	1.8	192	84	48
配方奶	402	9	7.2	276	192	100

2. 母乳始终是婴儿营养的重要来源

婴儿出生后6个月完全依赖母乳喂养，纯母乳喂养可以满足婴儿生长发育的热能及各种营养物质的需要。在此阶段如添加一口水或其他饮食，婴儿就会少吃一口母乳，还增加了婴儿患腹泻的可能性，从而进一步损害了婴儿身体发育。持续的母乳喂养是婴儿至少在1岁前营养的主要来源，是一天的主食。甚至2岁以内的孩子，仍应以母乳或配方奶为主食，其他食物为辅食。2岁以后，才以牛奶为辅，以饭为主。现在好多婴儿，在8个月以后就开始以饭为主了，这不利于宝宝的营养均衡。

对婴儿来说，水分过多的辅食体积大，虽然把胃口填满了，但不能满足他们营养的需要量，如果能满足他们营养需要的辅食量，却是他们无法吃到那么多的。从这个角度来看，同等量的稀薄谷物远远比不上母乳的营养价值。

3. 断母乳不等于断奶

婴儿从吃奶到吃饭完成了整个过渡，但断了母乳不等于断奶，配方奶或牛奶每天一定要喝，它是断奶后宝宝理想的蛋白质来源之一，对生长发育非常重要。牛奶对于任何人来说都是营养价值极高的食物之一。牛奶蛋白质是最优蛋白质，含有各种必需氨基酸，且必需氨基酸的比值与人体所需比值相近。鲜牛奶含钙高，并且其乳糖在胃肠道可以分解为乳酸，以上条件都是促进钙吸收的因素，所以说牛奶中含钙量多、质优，吸收率高，是钙质丰富而优质的来源。

三、辅食添加的时机与量

1. 添加辅食，从4个月还是6个月开始

世界卫生组织的规定给宝宝断奶并添加辅食的最佳时间一直是国际上争论的问题。世界卫生组织（WHO）建议，为了保证最佳的成长、发育和健康，婴儿在出生后头6个月应该进行纯母乳喂养。纯母乳喂养的宝宝可以在6个月时开始添加辅食，而配方奶喂养的宝宝可以在4～6个月就开始添加辅食。

我国卫生部2007年印发的《婴幼儿喂养策略》也明确指出：母乳是0～6个月婴儿最合理的“营养配餐”，能提供6个月内婴儿所需的全部营养。但同时专家也指出，在具体实施添加辅食时，往往视宝宝的情况掌握在4～6个月。

2. 在6个月之前添加辅食的可能性

如果你觉得宝宝需要在4个月就开始添加辅食，最好要咨询一下保健医生。通常添加辅食最佳时机的表现是喂过奶后宝宝看起来仍没吃饱，以前可以睡一整夜，但现在半夜会醒来，以及体重增加减慢。宝宝准备好吃辅食的一些迹象包括宝宝能直立，有的儿童可以在餐椅上坐好、能用勺子吃食物、能把食物送到嘴巴后部，这意味着他的挺舌反射消失了，最后一个信号是宝宝对大人的食物感兴趣。

过早地给宝宝添加辅食会增加过敏的危险，也容易让小宝宝呛着。添加辅食的时间应按宝宝成长需要而非完全由月龄来决定，通常成长速度快又活泼好

动的宝宝比长得缓慢又文静的宝宝需要更早一点进食泥糊和固体食物。

3. 一些西方国家添加辅食的开始时间

世界上大多数国家的喂养指南都建议要在婴儿6个月后开始添加辅食，以补充母乳喂养的营养不足。然而，在实际生活中，英国和美国的喂养指南中则允许在婴儿4～6月龄时添加辅食，但不要早于4个月。2004年美国膳食协会(ADA)与嘉宝产品公司联合制定了《婴幼儿健康喂养指南》，这本指导手册中建议在婴儿6月龄之后开始添加辅食，但是同时也给出判断可以给婴儿添加辅食的指征，如体重比出生体重增加一倍或达到6千克以上、可以坐着、每天喂8～10次母乳后仍感觉饿等。当婴儿出现上述表现时，就可以考虑给婴儿添加谷类食物了，尤其是铁强化的谷类食物作为第一种辅食。

4. 理想的婴儿膳食有详尽的标准

父母都希望自己的宝宝能茁壮成长，却不知自己给孩子吃的是不是科学。实际上，几乎没有一种天然食物所含有的营养素能全部满足人体的生理需要，只有进食尽可能多样的食物，比例适当，才能使人体获得所需要的全部营养素。这就是人们常说的均衡膳食，它是营养充足的保证。

随着健康知识的不断深入家庭，在城市和农村的大多家庭都能及时给婴儿添加辅食，但辅食的组成不合理，热量不足和动物性食物摄入量不足的问题十分突出。一项调查显示，城市婴儿在半岁至1岁时未添加动物性食品的占1/3，农村占1/2。1～2岁时城市仍有9%、农村有21%的幼儿未添加过鱼、肉等食物。这一事实说明大多数家庭对理想的膳食把握不准，不知道孩子在不同的年龄阶段该吃什么？

四、母乳喂养和辅食添加相辅相成

1. 在母乳喂养的基础上添加辅食

当辅食开始以后，应和以前一样按照儿童的要求频繁喂母乳，喂母乳的时间也应和以前一样。以母乳为基础，6～7个月时每日添加辅食2～3次，到12个月时增加到每日3～4次。从几茶匙开始，逐渐增加量和辅食的种类。在确

信你的宝宝已经具备吃泥糊状食物的能力之前，不要过于着急给你的宝宝喂这些食物。一些宝宝可能还不具备这种能力，直到6个月时才准备好。注意观察寻找一些迹象，它可能会告诉你宝宝已经准备就绪可以开始试试喂泥糊状食物了。在这一阶段理想喂养方式仍然是继续纯母乳喂养。

2. 吃母乳吃到第二年的好处

宝宝1岁后还吃母乳(这也被称为延长母乳喂养期)在许多国家都很普遍，在我国有不少妈妈在宝宝1岁之后断奶。长期母乳喂养对于宝宝的情感和身体都有不容忽视的、非常大的益处。

1岁以上的宝宝即使现在的大部分营养都从辅食中获得，母乳还是能给他提供宝贵的免疫力、维生素和一些具有生物活性的物质。研究显示，母乳喂养的1岁以上的孩子比同龄人更不容易生病。随着孩子变得越来越独立，母乳喂养能让他觉得安心并为他提供一种重要的情感支持。有些人可能会说总是不断奶会让孩子对妈妈过度依赖，但实际上，宝宝吃奶时所感受到的对妈妈的强烈依恋反而会激发他的独立性。如果你的孩子生病了，母乳可能是他惟一能吃下的东西。

3. 补充固体食物以满足能量需要

4～6个月当奶量一日达到1 000毫升时，就不能无限量增加。为继续满足婴儿营养需求就要添加浓缩一点的食物，即固体食物，包括开始的泥糊状食品和以后的完全固体食物。

添加辅食的另一个原因是为断奶做好准备。随月龄增加，牙齿长出、胃的消化吸收功能逐渐成熟，婴幼儿的饮食就要从流质过渡到半流质直到最后的固体食物，所以在断奶前后必须为婴儿准备好适合不同月龄儿童的固体食品，否则就会出现营养不良的现象。

4. 有更多食物可以选择

在1岁后，他们所吃的食物应该包括：面包与谷类食物(大米饭、米粥)，水果(香蕉、苹果)，蔬菜(西兰花菜、绿叶蔬菜、胡萝卜、南瓜)，肉食及肉食替代品(鸡肉、猪瘦肉、牛瘦肉、鱼与其他海鲜、豆腐)，乳品食物及乳品食物替代品(酸奶、牛奶蛋糊、奶酪)。如果你给孩子喂米粥，必须加肉及蔬菜，将切成小块的肉

放进米粥中，然后给孩子喂食。如果你在给孩子喂奶之前给他们食物，他们会吃多一点。年幼孩子可以吃大部分的家庭食物，尽管他们未有足够的牙齿！一些食物可能需要切成小块，但年幼孩子可以用他们的牙床咀嚼食物。

5. 从辅食过渡到家庭饭菜

世界卫生组织的一份“发展中国家婴幼儿辅食添加”的文件指出，一个1岁左右的婴儿，如果依靠吃米粥来满足营养的需要，通常一天吃5餐，每餐要200克的两大碗才行，即便如此铁、锌、钙仍无法达到需求。在同一份文件中专家们推荐，6个月的宝宝基本上每天都应当有一定量的瘦肉等动物性食物，8个月应当选择用手指抓取的食物，也就是说不能再仅仅依靠泥糊状食品了，12个月的孩子应当学习吃一般家庭的普通饭菜。因此，正确地选择不同年龄阶段的每种食物，科学喂养是儿童健康成长的根本保证。

爱心门诊

一、常见问题

1. 母乳与配方奶哪一个营养价值高

配方奶是在牛奶基础上加工制成的，牛奶是牛妈妈给牛犊子准备的天然食

品，和其他大型动物一样，体积越大，其母乳中含有的蛋白质和矿物质的含量就越高，以满足其幼小动物生长的营养需求。有的大型动物出生后几个月之内体重的增长可以达到几十千克，而人类婴幼儿每个月体重增长不到1千克，因此与这些大型动物，与牛相比，人类母乳蛋白质含量仅为牛奶等1/3，钠盐为牛奶的1/8，牛奶钙的含量为103毫克/100毫升，而母乳为38毫克/100毫升。从这个数字来看，母乳的营养物质含量远远不如牛奶和由它而加工成的配方奶。但营养价值应当首先理解为最能适应婴幼儿生长发育的需要而不是量多，有经验的母亲都会发现，食用牛奶或配方奶的孩子容易上火，容易大便干燥，就是这个道理。另外，牛奶蛋白质是婴儿过敏最主要食物致敏原。母乳中含有的大量免疫和生物活性物质，是牛奶所不具备的，虽然配方奶的配方中添加了许多相类似的物质，但其价值要大打折扣。

2. 为什么母乳营养含量少，婴儿却不出现营养缺乏

每1升母乳中的铁含量只有0.5毫克，而每1升配方奶中却有12毫克，看到这样的数据，你或许会问，不是说母乳是最好的吗？为何如此重要的营养成分却只有这么少的含量呢？原来，母乳中的铁含量虽然每1升只有0.5毫克，但可以完全地被吸收，也就是说生物利用率的比例很高，但是配方奶中的铁生物利用率却比较低，不能完全地被宝宝所吸收。其实不只是铁元素，母乳中所有的营养成分在配方奶中的含量均比较高，也都是同样的道理，即母乳中的营养成分可以被人体完全吸收，而配方奶却不能达到。

3. 9个月大的婴儿应当吃什么

9个月时，宝宝体内每天所需摄入的能量来源于乳类和辅食的量大致相当。宝宝也逐步进入了断奶时期，在这样的转换时期，不但要加重辅食的营养和注重辅食种类的变化，连喂养的时间也要与成人“同步”，进行一日三餐、有规律地进食了。当然，如果每次的食量过多或过硬，宝宝也会因不停地咀嚼而产生疲劳感。此时爸妈安排辅食应当遵循营养均衡的原则，并按宝宝的实际需求量进行喂养。别忘了！即使是一日三餐，仍不要忽视母乳或配方奶的营养作用，否则，孩子就会出现体重不增和夜间睡眠不踏实的情况。

4. 如何把握宝宝的口味

婴儿每天的摄盐量是0.25克,而幼儿是1克。相当于成人的1/6。由于钠盐存在于各种食品中,人奶和牛奶中的含盐量已经能满足孩子的需求了,直到孩子一岁左右才需要额外再在一日三餐中稍加些盐。在把握宝宝的口味方面,婴幼儿食品不宜添加盐、香精、调料和防腐剂,以天然口味为宜。口味或香味很浓的市售成品辅食,可能添加了调味品或香精,不宜给宝宝吃。罐装食品因为含有大量的盐与糖,也不能用来作为婴儿食品。

二、生理与营养知识

1. 不同阶段乳汁的营养成分比较

母乳的成分在产后不同时期有所不同,初乳是指母亲产后5天的乳汁,5～15天为过渡乳,15天以后为成熟乳,9个月以后为晚乳(表15-2)。

表15-2 不同阶段乳汁的营养成分比较

成　分	初　乳	过渡乳	成熟乳	晚　乳
蛋白质(克/升)	22.5	15.6	11.5	10.7
脂肪(克/升)	28.5	43.7	32.6	31.6
糖(克/升)	75.9	77.4	75	74.7
矿物质(克/升)	3.08	2.41	2.06	2.00
乳清蛋白/酪蛋白	90∶10	60∶40	60∶40	50∶50

2. 6个月开始添加辅食的立足点

将辅食添加时间推迟至6个月的观点是基于:在6个月之前添加辅食会明显影响吃奶量,这时的辅食往往比较稀软,含水分较多,因此,这些早期添加的辅食在能量及营养素方面往往比不上同等量的母乳,母乳喂养尤其是纯母乳喂养可以最大限度地提供充足的营养需求。到6个月时,单独依靠母乳已经不能满足婴儿的营养需要,特别是对铁等营养素的需求,因此需要添加其他食物。

医生建议等到6个月再添加辅食另外一个理由是推迟辅食添加可以最大限度降低婴儿对食物的不良反应和过敏，特别是如果你有家族性过敏史，推迟辅食添加时间的确可以降低对食物的不良反应、过敏和腹泻等现象的发生率。

3. 米、面作为单一主食带来的问题

主食可以做成米粥，当谷物与水混合并煮成粥，淀粉吸收水分而膨胀，这样就制成比较稠的粥，如果过于黏稠，孩子就不容易吃。如果加大量的水常常可以使米粥变得稀薄，从而使主食水分很多，其能量密度很低，营养素含量也很少。

在汤中存在类似的问题，虽然汤中可以含有各种营养素，但汤中含水太多而稀释，即使宝宝吃下他们的胃能容下尽可能多的米粥或面条汤，而且一天吃5次，但仍然无法满足宝宝营养的需要。

4. 食物浓稠应达到何种程度

婴儿自6个月起开始添加辅食，可以吃一些天然的纯的泥状或半固体食物，到了8个月，大部分婴儿就可以吃固体食物，即宝宝就可以拿着吃的食物，如小花卷、面包、苹果片等。到了12个月，大多数婴儿就可以吃家庭普通饮食，以获取充足的营养。

一些资料表明，满12个月的大部分婴儿都有能力食用“家庭食物”，即固体食物。尽管他们中的许多人还停留在摄入泥糊状食物的阶段。大概是因为这种食物更容易消化吸收，而且照料者准备和喂哺这种食物也比较方便省时。如果到满10个月还未添加固体食物，将会错过宝宝学习咀嚼、吞咽等吃饭技能的敏感期，最终导致以后进食困难。

第十六章　吃多少，难以把握的尺度

特别提示：0～3 岁宝宝应该吃多少

需要吃多少食物取决于宝宝的月龄，男、女性别，活动量，活动量大的孩子消耗较多的能量，所以需要更多的热卡。当你知道你的宝宝需要多少热卡时对你安排宝宝的膳食会有帮助。6～8 个月和 9～11 个月的宝宝每天需要的能量分别为 650 和 850 千卡。3 岁之内宝宝平均每日需要的能量为每千克体重乘以 100 千卡计算，1～3 岁的幼儿平均每日需要的能量为 1 000～1 300 千卡。这一需要量大约为成人的 1/2～2/3。其中 600～800 毫升的奶类可以提供 400～500 千卡的能量，其余的能量则需要从辅食中获得。

指南

一、宝宝的吃饱与吃好

1. 宝宝吃饱了吗

尽管每个家长会对自己宝宝的营养给予充分的关注，但我提出一个问题，那就是你的宝宝是否吃饱了？看来这似乎是一个很荒唐可笑的问题，难道自己最心爱的宝宝能没吃饱，每天饿着吗？根据本书作者“中国城市婴幼儿辅食质量评估”一份婴幼儿膳食摄人量的调查结果显示，宝宝 6 个月以后没吃饱的比例很高。具体表现为孩子 6 个月以后，尤其是 9～11 个月的婴儿的体重增加骤

然减缓甚至停滞(每月应增加500克左右)、宝宝情绪烦躁、变得不容易抚养、夜间睡眠不踏实,贫血、佝偻病患病率明显增加等。

吃饱是指宝宝的食量得到保证,食欲得到满足,吃饱就意味着食物所供给的能量可以满足个体的需要。你可以根据宝宝的身高、体重、骨骼、肌肉发育和精力状况等指标简单评估一下自己宝宝是否吃饱了。儿童喂养的调查结果显示,在婴幼儿时期尤其是6个月以上的婴儿没吃饱的现象很常见,发生率起码在半数。

造成这种现象的主要原因显然不是物质的缺乏而是家长认识上的误区,有的家长给孩子添加辅食后吃奶量明显减少。有的怕孩子不消化,有的怕吃肉会“上火”,因此长时间给孩子吃稀软、容易吞咽的食物,如稀饭、面汤等。这类食物往往水分多、能量低,它的确容易消化、不上火,但长期食用这些食物对于一个活蹦乱跳、代谢旺盛的孩子能吃饱吗?

2. 宝宝吃好了吗

吃好是指在满足能量需要的同时,蛋白质、脂肪、糖,三大供热营养素比例合适和各种微营养素,尤其是维生素D和铁、锌、钙是否也能满足需要。从营养学的观点来说,吃好就是科学地安排膳食,每天食物中各营养素种类齐全,数量充足,营养素之间的比例合适,这才是真正的吃好。目前,婴幼儿维生素D和铁、锌、硒等微营养素缺乏是我国儿童营养不良的主要形式,发生率大约为30%。

对于孩子来说,营养当然应从食物中摄取。动物性食物中铁、锌、钙、硒和维生素A和维生素D等含量与生物利用率明显高于一般植物性食物。对于6个月以上的孩子,每天应食用一定量的瘦肉,同时也要适量摄入鱼、虾,每周吃一到两次动物内脏。只有吃的食物多样化,孩子的营养摄入才充足,才会均衡。但由于传统饮食习惯的影响,很多家长担心孩子还不能消化和吸收这些食物。一些家长为此反复往来于医院之间,给孩子做微量元素的检测并长期够买各种营养素给孩子补充。

3. 辅食添加及时、充分、安全、适当

母乳喂养和辅食添加是保证儿童营养需求的一个连续和统一的过程。在

辅食添加方面强调及时、充分、安全、适当喂食 4 个方面。儿童时期，生长发育迅速，代谢旺盛，所需的能量和各种营养素相对比成年人高。正是由于儿童对营养物质需要量大，而同时儿童胃的容量小，饮食结构简单，儿童各种营养缺乏性疾病的发生率非常高。因此，儿童一日膳食的选择，即吃什么，吃多少，就尤为重要。12～23 月儿童均衡膳食能量和营养素量如表 16-1 所示。

表 16-1　12～23 个月儿童均衡的膳食能量和营养素量　(WHO,2002)

食　物	重　量（克）	能　量（千卡）	蛋白质（克）	可吸收铁（毫克）	维生素 A（微克）
谷物(主食)	126	174	3.2	0.12	—
脂　肪	5	45	—	—	—
豆　类	45	45	3.2	0.05	—
鱼、肉	30	29	6.8	0.31	—
肝　脏	30	40	5.7	0.427	3397
绿　菜	27	5	0.6	0.064	173
橘　子	50	19	0.5	0.005	3
香　蕉	60	57	0.7	0.009	2
面卷(零食)	40	94	3.4	0.028	—
谷　物	100	144	3.6	0.006	—
母乳或牛奶	400	276	4.2	0.024	200

二、宝宝出生 6 个月前后的巨大变化

1. 0～6 个月的宝宝大多吃饱、吃好了

本书作者“中国城市婴幼儿辅食质量评估”的调查结果显示，绝大部分 0～6 个月的宝宝吃饱、吃好了。该阶段婴儿母乳喂养率或配方奶喂养状况比较理想，宝宝一般没有过早添加辅食，平时生病很少。出生后 3 个月婴儿月体重增

长在0.6～1千克，有半数婴儿甚至在3个月之内体重增加都保持在每月增加1千克，半岁之内宝宝体重增加4千克以上。这些孩子身高、体重增加迅速，骨骼、肌肉健壮，动作发育良好。

2. 6个月之后的宝宝半数没吃饱

经过头半年快速生长后，6个月之后体重增长明显变缓，有的2～3个月都没增加。孩子的骨骼、头发、面色不如以前，夜间睡眠不踏实，精神状况也不如以前，经常哭闹、烦躁不安。如果做化验检查，贫血、佝偻病发生率明显增加。这些问题的根源就是没吃饱。在上述调查中显示，半岁之后宝宝没吃饱主要发生在9～11个月，其总能量摄入平均值为550千卡，比国际权威机构推荐的686～830千卡/日相差20%～30%。造成这种状况的原因，一是奶量不能在800～1 000毫升的基础上再无限增加，同时由于辅食的添加，奶量可能会减少。二是添加的辅食质量不足，其能量及营养素甚至不如同等量母乳或配方奶的数值。因此，9～11个月是宝宝没吃饱和出现营养缺乏的关键年龄时段。

3. 1～2岁的宝宝吃饱、吃好了吗

宝宝到1岁的时候，宝宝的膳食模式与喂养行为已基本形成，因此1岁到2岁时，宝宝的进食状况一般不会有太大变化，1岁之内吃得好、生长好的宝宝在1岁之后大多仍会延续下去。同样，1岁之内吃得不饱、生长缓慢的宝宝在1岁之后大多也会同样延续下去，营养不良的表现和生长缓慢更加明显，除非父母能及时发现宝宝喂养的问题并得到纠正，或是宝宝的喂养环境完全改变了。

三、奶量要充足、辅食要质量高

1. 奶量与辅食不能互相影响

一般4～6个月后宝宝需要添加辅食了，添加辅食是为了保证宝宝随月龄增长的营养需求得到合理补充。对于婴幼儿来说，母乳或配方奶始终是营养价值很高的食品，其中营养素含量也很丰富。母乳或配方奶是1岁以内孩子的主食，甚至在2岁之内奶类仍然是每日膳食的主要部分，及时、合理地添加辅食应当建立在这个基础上。在辅食添加的开始阶段，辅食往往是水分较多的糊状食

品，其营养价值不如同等量奶的营养价值高。辅食添加过早、量过多和过于频繁都会影响母乳或配方奶的摄入量，从而导致能量、蛋白质和营养素的缺乏。

2. 不能长时间停留在泥糊状食品阶段

在我国农村或是城市，大多婴幼儿的家庭在由液体食物向固体食物过渡的换乳期，往往以米糊、米粥、面汤为主。根据宝宝生长的特点，这个过程应持续 1～2 个月。正确的做法是注意随时改进宝宝食物的性质，及时转化到比较柔软的小块状，以提高食物的营养价值和帮助宝宝掌握吃饭的能力。一个 8 个月大的婴儿如想通过吃米粥来达到能量的要求，除了大约 500 毫升母乳外，每天还需额外补充 300～400 千卡能量的辅食，相当于 200 毫升的米粥 3～4 碗，即便能量达到了，但各种主要营养素如铁、锌、硒含量仍相差很多。

此外，如果孩子长时间食用流质，孩子的吞咽、咀嚼功能越来越弱，这使得孩子的牙齿和口腔内外的肌肉得不到应有的锻炼，颌骨也不能很好地发育，孩子长大也懒得咀嚼硬东西，或是根本不具备吃一般家庭普通饭菜的能力。

四、揭开“面片汤”“大米粥”的面纱

1. 不需要咀嚼、容易吞咽的易消化辅食往往营养价值低

面条汤、大米粥在我国大多数地区都很流行，制作起来又很简单，同时具有容易消化、口感好等优点，在我国是一般有婴幼儿家庭每日都离不开的主食。随着营养学知识不断深入人们的日常生活，人们知道，吃饭已不单单是制作简单、口感好、经济实惠而已，还应当满足人体每日营养的需要。对于宝宝来说，尤其必须满足生长发育、大脑快速发育和增强抗病能力的需要。汤泡饭、大米粥、面汤饭不需要咀嚼、容易吞咽、容易消化，但家长忽略了这类食物是否能让

宝宝得到足够的营养。

2. 算算“面片汤”“大米粥”的营养价值

“面片汤”“大米粥”的营养价值大约有多大？一个容量200克的碗，盛满蒸米饭，它所含有的能量为220千卡左右，蛋白质2.5克，钙、铁、锌分别为6、0.3、0.2毫克。如果制作成泡饭或大米粥，要去除1/2～1/3的蒸米饭，加入水或其他汤汁，这样它的能量、蛋白质、钙、铁、锌含量再减去1/2～1/3(表16-2)。

表16-2　12～23月大的宝宝吃“面片汤”“大米粥”的营养

	能量（千卡）	蛋白质（克）	可吸收铁（毫克）	钙（毫克）	锌（毫克）	维生素A（微克视黄醇）
每日需要量（WHO）	1092	10.2	0.49	600	0.5	300
面汤、大米粥(200克)	70～110	0.8～1.2	0	6	0.1	0

3.“面片汤”“大米粥”的营养缺欠

从上表至少可以看出，汤泡饭有两个大的缺欠：蛋白质——能量不足和各种微营养素不足，这两个大的方面正是儿童膳食是否科学、合理的关键。

蛋白质——能量不足：即使一天内还有很多食物可以选择，但因为汤泡饭体积大，很容易产生饱胀感，吃了汤泡饭后再吃任何其他食物的量就会减少，因而必然会影响其他有营养价值食物的摄入量。如果这样的汤泡饭或米粥、面汤要满足1岁宝宝营养需求的话，那么每天需要吃5次，且需每次吃两碗(200克/碗)，可见吃这样的食物量是很难达到的。

微营养素不足：宝宝生长发育所需的各种维生素和矿物质，例如铁、锌、钙和维生素A等在汤泡饭里都几乎为零，因此这种汤泡饭只提供了微不足道的能量，根本再无法提供其他各种营养素。即便这些食物中含有少量铁、锌、钙和维生素，但因生物利用度很低，因此根本无法满足各种营养素的需求。

4. 宝宝早期营养不良的表现

宝宝早期营养不良的表现有时会很明显，例如情绪变化，儿童变得烦躁不

安、反应不灵活、爱发脾气等。大些的孩子可能会变得胆小，不爱交往，行为孤僻、迟钝，表情麻木，这些表现往往与缺乏蛋白质和铁有关。儿童忧心忡忡、惊恐不安、失眠健忘可能与体内B族维生素不足有关。情绪多变，爱发脾气，这与甜食过多有关。儿童固执任性，胆小怕事与维生素A、维生素B、维生素C与钙质摄取不足有关。行为反常，孩子不爱交往，行为孤僻，动作笨拙可能缺乏维生素C。夜间磨牙，手脚抽动，易惊醒——常是缺乏钙质的一种信号。

面部“蛔虫斑”，民间认为，孩子脸上出现“蛔虫斑”是肚子里有蛔虫寄生的标志。现在的农作物都是施用化肥而不是施用人粪尿，蛔虫症在城市很少见。这种以表浅性干燥鳞屑性浅色斑为特征的变化，实际上是一种皮肤病，谓之“单纯糠疹”，源于维生素和矿物质缺乏，同样是营养不良的早期表现。

爱心门诊

一、常见问题

1. 婴儿断奶后最佳食物是什么

当婴儿4～6个月后，家长虽然知道该喂他们固体食物了，但从亲友、书籍甚至医生那里得到的建议，却往往出于习俗，说法不一。在这种情况下，各国父母喂给婴儿的食物可谓五花八门，非洲国家喂肉，日本喂鱼和萝卜，法国则吃西红柿，显然这些差异主要源于文化传统，而非科学。

从营养价值和保证婴儿快速生长的角度来看，蔬菜、水果和谷物并非婴儿断奶后最佳的食物。一些国外营养专家认为，大多数家长在第一次喂孩子固体食物时就犯下错误，他们在孩子6个月大时开始喂谷类食品，之后逐渐加入蔬菜、水果和面食，最后才喂孩子肉类，专家们认为这种做法并不科学。近年来，对于谷类是否是最适合婴儿食用的争论有所增加，因为婴儿吃谷类食物后血糖会迅速升高，这可能导致孩子长大后出现肥胖等健康问题。这些专家们认为动物性食物——瘦肉才是断奶后最佳食物。

2. 12～24个月婴幼儿吃多少才算科学

我国和世界上许多国家一样都有各自的膳食指南，其基本内容大致相同，

无非是把谷类、蔬菜类等各种食物合理地进行搭配，从而做到均衡膳食。对于12～24个月大的婴幼儿吃多少才算科学呢？婴幼儿每日摄入食物的分配与成人相仿，只是另外强调奶量必须得到保障，此外每一份食物的量当然要明显少于成人的每份量。各种食物的选择应做到：谷类组6份，蔬菜组3份，水果组2份，奶类组2份，肉类组2份（表16-3）。

表16-3 12～24个月大的幼儿各种食物一份额的数量

谷类组	蔬菜组	水果组	奶类组	肉类组
1/2片面包 1/2碗熟米饭 1/2碗熟面条 30克谷类食物	1/2碗剁烂的生或熟蔬菜 1碗绿叶生蔬菜	1片水果 3/4杯纯果汁 1/2碗罐装蔬菜 1/4杯干蔬菜	1杯牛奶（120－180克） 1/2杯酸奶 30克奶酪	60克煮熟瘦肉、禽肉或鱼 1/2杯煮熟的干豆类 或1个鸡蛋＝30克瘦肉 2汤匙花生酱＝30克瘦肉

二、生理与营养知识

1. 婴幼儿辅食的营养密度

所谓营养密度，即一定量（如每100克）食物所含的能量和一定量（每1 000千卡）食物所含铁、锌、钙等营养素的数值两个大的方面，通俗地讲就是饭菜的质量。因此，每天应喂哺婴儿食物的能量必须充足，营养所需的肉，禽，鱼，蛋应该尽可能常吃或每天都吃。富含维生素A的水果蔬菜应该每天都吃，提供含有足够脂肪的食物。避免给孩子吃过于稀薄的婴儿谷类食物和低营养价值的饮料，比如米粥、面片汤等，应限制果汁、甜饮料的摄入量。

理论上讲，由于两岁内婴儿生长发育的速度非常快，婴儿每单位体重所需的营养物质非常多。对于6～24个月大的婴幼儿，母乳在总的营养物质摄入中作了很大的贡献，特别是母乳中丰富的蛋白质和维生素含量。但是，母乳中所含的某些矿物质相对较低，如锌、铁，即使考虑了这些物质的高生物利用度后依然如此。9～11月婴儿，需从辅食中摄取的营养素占总推荐量的比例分别为：铁97%、锌86%、磷81%、镁76%、钠73%、钙72%。因此，合理膳食在很大程度

上是指辅食的质量，即辅食能量与营养素的密度。

2. 膳食指南的两个重要工具

不论大人小孩，若想要像饮食指南里所建议的一样吃出健康，有两样工具应当学会使用，那就是“食物金字塔”和“食物营养成分表”。食物金字塔是均衡饮食的视觉表现图，可以让大家了解到五大类食物之间的比例关系，在做营养教育时是很好的教材。营养成分表则是我们选择食物时一个重要的参考依据，通过查表，可以让我们在各种食物之间就营养成分做出选择比较。

3. 适量运动是建造膳食金字塔的基础

与以往膳食金字塔的内容不同，近年来新的金字塔的基础是每日适量的运动并由此使体重得到适当增长。新的金字塔强调每日以户外活动和适量锻炼，用一种轻松悠闲，儿童乐意参与的方式去运动，体育锻炼可使体重的增长得到有效控制。运动看起来似乎与膳食不属同类，但如果没有适量运动作为基础，无论膳食金字塔安排得多么科学，它都将是建筑在沙滩上的城堡。

第十七章　怎样吃，良好喂养行为的建立

特别提示：0～3岁宝宝应该怎样吃

宝宝6个月后就应让孩子有机会品尝蔬菜等各种食物的味道，让孩子学会咀嚼和吞咽。当孩子大一些时，应培养和鼓励孩子自己动手吃饭，父母不要因孩子吃得到处都是而包办代替。8个月以后，婴儿会用手指抓取东西吃，这是婴儿学习如何利用不同肌肉共同完成一个动作的重要发育过程；可以让婴儿抓着吃小块面包或饼干，再给予小块水果、蔬菜等，如果一餐的量太少，应增加就餐次数。有时他可能喜欢与家人一起进餐而不是用另外的时间。所以也可以把他的小椅子坐在餐桌旁边，让他模仿。如果他示意想吃什么，可以给他吃，但如果他不想吃的，不要用哄骗的方式或勉强他吃，他会选择他所需要的食物。培养良好的饮食习惯要从早抓起。

指　南

一、孩子肚子不饿当然吃不下饭

1. 肚子饿了，想吃饭

这是每个人与生俱来的本能，如果孩子的肚子真的很饿了，就不会有不肯吃饭的问题。因此，宝宝“拒绝吃饭”的理由最常见的就是肚子不饿；包括频繁的喂养，对母乳或配方奶的过分依赖，饭前的零食、水果等。你仔细找找原因

吧！孩子在每餐吃饭前饿了，会表现在吃饭速度较快，不挑不拣，吃饭看起来很香。孩子肚子不饿当然吃不下饭，此刻，若父母只一味地强迫孩子进食，反而会造成相反效果。因此，当你的孩子不好好吃饭时，首先要问问自己，你的孩子跟你说过他饿吗？如果孩子不饿时你一定坚持要他吃某些东西，那么餐桌将会成为母子俩的战场。

2. 频繁喂水会影响吃饭

未满 4 个月的小宝宝饮食来源完全靠吃奶，不论是母乳或是配方奶，其中近 80%以上都是水分，吃奶和喝水几乎是一样的意思。孩子每次吃母乳，首先分泌出来的乳汁比较稀薄，叫做“前奶”，是给孩子解渴的。在夏天，母乳会自动变得更加稀薄，水分更多，因此即使很炎热的天气，也不必加水。

如果宝宝奶水吃得已足够了，每天每千克体重超过 100 毫升的奶量，且体重生长在正常范围，就不需要额外给孩子水喝。如果宝宝奶量不足，每天每千克体重未达 100 毫升的奶量，且体重生长在正常范围以下，与其喝水还不如多喝奶。这里强调不多喝水的主要目的是不要因为频繁喂水而影响孩子吃奶次数和每次吃奶量。

3. 有时不吃，就狠心让他饿一顿

听起来好残忍！但它是无奈中最有效的办法。一般情况下，孩子饿上一顿，不会把孩子饿坏。但你如果不下这“狠心”，孩子就很难吃好下顿饭；如果不能让他饿一饿，而是吃饭时不吃，不吃饭时随便吃；由于正餐没吃好，很可能使宝宝长期处于一种不饥不饱的状态。这其中的利弊家长可以算一算。长时间不好好吃饭的孩子大多是属于这种情况。饿上一两顿，换来的是孩子逐渐对吃饭产生了兴趣，家长需要做的只是耐心和坚持。

二、怎样提高孩子的食欲

1. 宝宝对吃饭有兴趣吗

宝宝对吃饭有兴趣是宝宝吃饱、吃好的前提，是儿童健康成长的保障。有的家长对那些不好好吃饭的孩子，出于担心，在两餐之间频繁给他们吃各种食

物，包括果汁水、水果、小点心等，到了应该吃正餐的时候他们对吃饭好像再无丝毫的兴致。这种孩子往往是从来没有饿过，但也从来没有吃饱过。儿童的饮食行为很大程度受家长的影响，有的家长为了让孩子营养好，不分时间，把孩子的吃当做任务，尤其在吃饭前的喂食会造成孩子正餐时对食物的反感。同时，由于父母的期望值过高和方法上的不妥当导致孩子心理压力过大，有的孩子几乎对吃饭从未表现出兴趣来。

2. 切勿一日三餐全是老面孔

可以不断变换口味，可使孩子有新鲜感，食欲也就增加了。在饮食结构上，做到荤素搭配、米面搭配、颜色搭配。如面食类，可做成花卷、糖包、饺子、馄饨等，如鸡蛋，可以做成煎鸡蛋、肉末蒸蛋、猪肝泥蒸蛋等。儿童大多对有颜色食物（如西红柿、胡萝卜等）好奇，做饭时可将这些蔬菜合理搭配，以提高孩子的兴趣。这样做，既可以保证各种营养素，又可以避免孩子养成偏食、挑食的不良习惯。另外，由于孩子的牙齿和消化器官发育还未健全，因此家长在做饭时，要注意刀工和火候，尽可能将菜切得细小些，这样既可使孩子的吃饭速度加快，又可使食物容易消化。

3. 不要让孩子边吃边玩

经常见有的家长端着饭碗，追着孩子喂饭，吃到后来，饭菜全凉了。这种做法对孩子的健康不利，要避免这种现象，就应从培养孩子吃饭入手，孩子刚刚开始吃饭时，应有一个比较适宜的喂养环境，周围不宜有过多的干扰，把电视关上，把玩具从宝宝的视线拿开。如果把衣物弄脏，这时不要责备他，而应鼓励他，引导他。几次训练后，孩子吃饭就会慢慢走入正轨了。

三、良好的喂养行为伴随孩子一生

1. 进食行为是儿童心理发育的一部分

有些家长不注意餐桌的气氛与进餐时孩子的心理特征，按着自己的想法，随心所欲；为了让孩子吃快，家长端着饭碗，追着孩子喂饭，这样会导致就餐时的心理负担，导致营养不良并逐步养成孩子的依赖和逆反心理。孩子的独立精

神、孩子对别人的尊重以及礼貌这些良好的行为在餐桌上都能够得到最好的培养。

2. 宝宝会用各种方式告诉你“我饱了”

你的宝宝能够吃多少食物最好的评判者就是你的宝宝，他会用各种方式告诉你“我饱了”。例如把头转向一边，闭住嘴唇，把食物吐出嘴外或把食物甩到地板上。家长要学会读懂宝宝进食时的肢体语言，肚子饿、宝宝对食物感兴趣时，他会兴奋地手舞足蹈，身体前倾并张开大嘴。相反，如果不饿，宝宝会面对食物紧闭嘴巴，把头转开或干脆闭上眼睛。强迫孩子吃饭只会让宝宝产生反感，把享受美食当成痛苦。吃饱了的孩子一般饭后精神好，玩得好，可以睡大觉，不乐意再频繁地吃其他食物。

3. 宝宝吃饭是件快乐的事

添加辅食是宝宝品尝新口味的开始，应该是一件开心的事情，应鼓励，要有足够的耐心。当宝宝拒绝某些混合食物时，可逐一品尝。进餐时尽可能不分散宝宝的注意力，这也是宝宝和家人面对面亲切交谈的好机会。最好做到有比较固定的喂养人和喂养地点。

在宝宝心情舒畅、你自己感觉轻松的时候，给宝宝添加新的食物。你和宝宝的情绪都会影响宝宝对新食品的兴趣。改进宝宝的喂养行为，不应仅注意喂养人，更应关注整个家庭的整体氛围。

四、孩子如何学会吃家庭普通饭菜

1. 饭菜是单做好，还是和大人一起吃好

1 岁以上的宝宝大多会慢慢喜欢上家庭饭菜，会对与家庭其他成员一起吃饭很感兴趣。他们喜欢与家人共进餐，不断模仿大人的样子吃东西。因此，应当积极鼓励宝宝享用家庭的普通饭菜。一般家庭普通饮食包括大人吃的小包子、小饺子、云吞、馒头和切碎的蔬菜、瘦肉等，只是要注意这些食物要柔软些，从而完成从完全依靠吃母乳向吃成人类食品的过渡，与此同时也充分锻炼了儿童动手能力和口腔肌肉功能。

如果这一时期仍然单独给宝宝做辅食，单独喂养，会不利于宝宝进食行为的发展。1岁以后的宝宝会懂得大人的谈论，他知道人们乐意相互待在一起，有时我们在听，有时我们在讨论，所有这些，宝宝会把吃饭时间与他热爱这个家庭联系起来。

2. 和宝宝一起进餐，一起交谈

你可以在家庭成员吃饭之前先给宝宝吃一部分，然后在家庭成员一起进餐时，让他自己用手去吃他的食物，和他谈论食物，鼓励家庭其他成员同样多和宝宝交谈。所以你可以把他的小椅子放在你旁边，让他模仿。当孩子在饮食习惯方面出现问题时，要有耐心，让孩子有一个逐步学习和改正的过程。最重要的是反复实践，持之以恒，并利用鼓励、赞扬和合理的惩罚来巩固良好的习惯。如果他示意你想吃什么，可以给他吃，因为对于这个月龄的婴儿来讲，他会选择他所需要的营养食物。如果他不想吃某种特定食物，应试着改换品种，因为对于婴儿来讲，他会选择他所需要的营养食物。

3. 不要用哄骗的方式或强迫进食

避免强迫孩子必须吃光盘子中的食物，在孩子不饿时强迫孩子吃完他盘子中全部的食物，不是一种好习惯。孩子在1岁以后生长速率减慢，因此不要期望孩子总是有很好的食欲与饭量，也不要使用食物奖赏孩子的好行为。有时孩子会由于某些原因，比如身体不舒服或上顿吃得过饱而食欲不佳，这时，家长不要强迫孩子吃饭。这种强迫往往容易导致孩子厌食，甚至对吃饭反感。如果这顿让他饿上一餐，也许下一餐会吃得更香。

4. 给孩子吃较大的软块食物是必须的

在8～9个月大时，尝试孩子吃较大颗粒的软块食物，9～10个月大时，给孩子吃切成小块的食物。婴儿可能在进食时噎塞，所以要特别小心硬的食物(例如生的胡萝卜块、较大块的苹果)，细小的圆形食物(例如葡萄)。将食物切成小块，或将食物煮至柔软再喂给孩子。有时候宝宝不张嘴是因为上一口还没吃完，所以一定要给宝宝留下足够的时间吞咽。

爱心门诊

一、常见问题

1. 孩子不饿的几个常见原因

母乳或其他食物安排不妥当，有个孩子快 1 岁了，以吃母乳为主，每天不下 10 余次，甚至把母乳当做哄孩子的工具或当水喝，由于孩子对母乳或奶瓶过于依赖，孩子自然不会好好吃饭。

零食过多，如果孩子随时都在吃零食，一到应该吃饭的时间，孩子自然就吃不下饭。有的家庭垃圾食品应有尽有，造成孩子“本末倒置”，零食成了主食，吃不下正餐。

孩子吃饭时干扰太多，边吃边玩，结果便会延长吃饭的时间，等到下一顿吃饭的时候，宝宝却因此还不饿，当然就不肯乖乖地坐下来吃饭了。

一日三餐安排不合理，饥一顿饱一顿，在孩子饿了一段时间后，暴食暴饮，结果使孩子在吃下顿饭时没胃口。

喂养行为不正常，例如父母如果以利诱的方式叫孩子吃饭，久而久之，便会让孩子把“吃饭”这件事当做交换的条件，造成孩子成就了一种不合时宜的价值观。

2. 如何把孩子那点饥饿感保留住

一份调查显示，孩子不好好吃饭的原因有 85%以上是因为孩子在吃饭时缺少饥饿感。一个成年人都有这样的经验，每当快要吃饭间时，腹部不免隐隐有一种饥饿感，那是我们要去吃饭的驱动力。一些孩子常常不好好吃饭，看护人在饭后因为担心孩子饿着，就会不停地给孩子吃各种食物，包括小食品、水果、饮料等。等到吃饭时间，孩子由于腹内仍存留部分食物，因而就不会有饥饿的感觉，自然也就不会好好吃饭。

3. 药物能够帮助孩子好好吃饭吗

有的家长平时常常给孩子吃各种各样的助消化药或是开胃药，认真分析发

现，其中有一些是不必要的。有些药物胃肠道刺激性很大，吃药后不久，就会发现孩子的食欲明显下降。还有些药物，只能暂时发挥作用，药物一停，食欲反而更差。

纠正孩子不好好吃饭的毛病或营养不良，首要的是认真寻找存在问题的各种原因。一般来说，孩子不好好吃饭的原因是多方面综合作用的结果，大多是由于父母或其他喂养人营养知识缺乏造成的，其中包括喂养食物不当、心理抗拒、缺少饥饿感、营养缺乏症和胃肠功能出现问题导致的恶性循环。

二、生理与营养知识

1. 宝宝应在12个月时完全停掉奶瓶

如果12个月以后仍然使用奶瓶，可能会导致宝宝产生奶瓶龋齿。同时，使用奶瓶容易导致吃过多的奶，影响吃固体食物的量，从而影响充足营养物质的摄入和延迟了吃饭技能的发展，因此宝宝应在12个月时完全停掉奶瓶，改用杯子喝奶。此外1岁以后的孩子如果仍然依赖奶瓶，这对宝宝心理的发育也会带来不利影响。

2. 适合1～3岁宝宝的健康零食

科学地给孩子吃零食是有益的。因为零食能更好地满足身体对多种维生素和矿物质的需要。调查中发现，在三餐之间加吃零食的儿童，比只吃三餐的同龄儿童更易获得营养平衡。幼儿的消化系统尚未发育成熟，胃容量小，在两餐之间可供给1～2次有营养的零食以补充营养素和热量。

有营养的零食应当选择季节性的蔬菜、水果、牛奶、蛋、豆浆、豆花、面包、马铃薯、甘薯等，量要适宜。含有过多油脂、糖或盐的食物，如薯条、炸鸡腿、奶昔、糖果、巧克力、夹心饼干、可乐和各种软饮料等，均不适合作为幼儿的零食。

3. 零食以不影响正常食欲为原则

宝宝吃零食很有讲究，零食宜安排在饭前2小时供给，量以不影响正常食欲为原则。切记宝宝的胃不能撑下太多东西，婴儿时期宝宝胃的容量在200毫升左右，一般零食的量应在几十毫升内，否则会影响下一餐的进食。吃零食的

量或时间不适宜是一些宝宝不好好吃饭最主要的原因。其实，即使是几片橘子，几片苹果，半个煮鸡蛋，少半罐的酸奶就完全可以作为适当的零食。如果宝宝没有吃零食的要求，就不必强迫孩子一定要吃零食。在下一餐来到时孩子肚子有些饥饿感，会对吃下一餐有好处。有些零食是高糖食物，并没有多少营养，而这些高糖物质可使孩子食欲大减。而且大多数零食里都含有化学添加剂，如糖精、色素、防腐剂等，对孩子的身体只有害处，没有好处。

第三部分
微营养素缺乏症与儿童健康

第十八章　婴幼儿期是营养缺乏症的高发期

指　南

一、婴幼儿微营养素缺乏症

1. 什么叫微营养素

人体需要量仅为几毫克甚至几微克的矿物质或维生素统称为微营养素。包括一些金属元素如铁、铜、锌等，还有一些非金属元素如碘、硒等。这些微量元素虽然含量很少，但分别具有各自的生理功能，如参与酶的合成、红细胞的生成、促进生长发育等。微营养素除微量元素外还包括一系列需要量甚微的维生素，它们的需要量多以微克来计算。维生素是一类维持人体生命过程所必需的有机化合物，天然存在于各类食物中，例如维生素 A、维生素 B、维生素 C、维生素 D 等。

2. “问题营养素”

国际上把铁、锌、钙等儿童最容易缺乏的营养素称之为“问题营养素”。铁元素是造血原料之一，小儿出生后由母体获得的铁在体内贮存，只能供生后 3～4 个月之需。如果 4 个月后不及时补充含铁质丰富的食品则会出现缺铁性贫血。锌能促进神经细胞的生长发育，对脑的发育和功能具有重要的生理作用。钙质为骨骼中的重要成分，小儿正在生长发育阶段，对钙质的需要量比成人多。因此，儿童钙缺乏的现状比成人常见而且严重。

3. 边缘性营养素缺乏

目前我国儿童营养素的缺乏有个明显的特点，就是处于正常与不正常边缘

状态的营养不足占大多数。这些儿童可能没有表现出明显的临床缺乏症状，但身体内的营养素已不能满足正常生理功能的需要。仔细观察会发现，他们往往存在着能力、认知、行为方面的问题或者是免疫力的下降。例如大多数缺乏铁的儿童是在常规体检化验时发现的，这部分孩子在外观上常常不被家长所注意，但往往存在着情绪不稳定，注意力不集中，记忆力降低等贫血体征之外的问题。

4. 营养对儿童身心健康的影响

儿童的健康包括生理健康、心理健康和社会适应健康，这几个健康都是以生理健康为基础，而生理健康又是以儿童的营养为基础。有的孩子不好抚养，有的孩子总是爱哭闹，见了生人总是往妈妈怀里躲，有人认为这是孩子的天性，其实这跟孩子的营养缺乏有一定关系。孩子的不活泼，情绪不稳定、反应能力比较差，发育迟缓，应当考虑到营养缺乏的潜在影响。父母要注重孩子的早期行为发育和培养，不可忽视了营养这一物质基础(表 18-1)。

表 18-1 儿童生长发育评价指标

指 标	新生儿	6个月	1 岁	2 岁
体重(千克)	3	6*	9	12
身高(厘米)	50	65	75	85
头围(厘米)	34	42	46	48
胸围(厘米)	32		胸围＝头围	胸围＞头围
牙齿(枚)	0	萌出	月龄－6	20**

*包括 4～5 个月，**可以延迟至 30 个月

二、我国儿童最易缺哪些微量元素

1. 约半数儿童面临微营养素缺乏的危害

铁、锌、钙及维生素 A、维生素 D 等是影响儿童健康的重要营养素。目前我国婴幼儿患缺铁性贫血的几率仍然高，即使是轻度贫血，其身高、体重也会较正

常儿童落后。在营养不良患病率较高地区,缺锌可能是个严重的公共卫生问题,缺锌会导致儿童发育缺陷和易于感染各种疾病。我国有些农村地区儿童亚临床维生素A缺乏发生率高达30%以上。维生素A具有增强机体免疫的作用,对减少感染性疾病的患病率和严重程度有一定影响。

2. 儿童微营养素缺乏的两大主因

首先是婴幼儿和儿童的生长发育速度快,生理需要量大。以铁营养为例,4~6个月后婴儿需要量迅速增加,到12个月时每天需要铁元素0.7~0.8毫克,生物利用率按8%计算,每日适宜摄入量为10毫克。而一个成年男性每日为15毫克。再看看钙质的每日适宜摄入量,1岁以上为600毫克,4岁以上为800毫克,婴儿与成人体重相差5倍以上,但钙需要量却相当。

其次就是摄入量不足,婴幼儿和儿童本身胃肠容量很小,再加上家长喂养知识的误区,孩子每天摄入食物的量与质常常达不到推荐标准。

3. 打好合理膳食这个基础

合理膳食是指在满足能量需要的同时,蛋白质、脂肪、碳水化合物三大供热营养素比例合适和各种营养素,尤其是维生素A、维生素D和铁、锌、钙等微量元素也能满足需要。从营养学的观点来说,吃好就是科学地安排膳食,每天食物中各营养素种类齐全,数量充足,营养素之间的比例合适,这才是真正的吃好。目前,婴幼儿维生素A、维生素D和铁、锌、硒等微营养素缺乏是我国儿童营养不良的主要形式,发生率为30%~50%。这也从一个侧面反映出宝宝在吃好方面存在的问题仍然很多。

4. 重视动物性食物的摄入

研究表明,铁、锌等微量元素可以增强宝宝抵抗力,减少孩子的生病机会。动物性食物中铁、锌、钙、硒和维生素A、维生素D等含量与生物利用率明显高于一般植物性食物。如瘦肉、动物肝脏中铁元素是以血红素的形式存在,它可被肠黏膜细胞直接吸收,其吸收率为10%~20%,其生物利用明显优于单纯的植物性食物。对于6个月以上的孩子,每天应食用一定量的瘦肉,同时也要适量摄入鱼、虾,每周吃一到两次动物内脏。如果一个孩子都七八个月了还从未吃过一点肉泥和肝泥,这些孩子体内铁、锌、硒和一些维生素的含量无疑会很

低，那他们的抗病能力会受到影响。但由于传统饮食习惯的影响，很多家长担心孩子还不能消化和吸收这些食物。

爱心门诊

一、常见问题

1. 儿童维生素缺乏症普遍存在

即使在生活水平较高的地区，也还普遍存在着儿童体内缺乏维生素的现象，特别是维生素 A、维生素 B_1 和维生素 B_2。根据对儿童血液和维生素尿负荷试验测定，血清维生素 A 和维生素 C 低于正常值者竟高达 40%左右，维生素 B_1、维生素 B_2 不足者达 20%或更高。婴幼儿维生素 D 缺乏尤为普遍，即使是母乳喂养的婴儿也缺乏维生素 D，而牛奶喂养者则更为严重。

2. 儿童为什么要吃点杂粮

杂粮食物中蛋白质的必需氨基酸含量和比例与细粮不相同，其营养价值并不比细粮差，甚至在某些方面还超过细粮。比如玉米、黄豆、青豆等豆类食物中氨基酸的含量就较多，蛋白质的吸收利用率就不一样，如果长期以一种精细粮食为主食，就可能造成某些营养素的摄入不平衡甚至缺乏，也可影响食物中蛋白质的吸收利用。所以，提倡吃粮食时不要过于精细，要粗细搭配。但杂粮中较多的纤维素会影响一些微营养素的吸收，因此儿童食用杂粮也不宜多。

3. 杂粮有利于慢性病的预防

现今，因为粮食加工精细，在加工的过程中维生素、矿物质会大量损失。长期以细粮为主食，很容易导致部分营养素缺乏。研究发现，精制的碳水化合物可使控制血糖稳定的胰岛素水平迅速上升，长久摄入这种食品使人们更容易患糖尿病和心脏病。而全谷食品，例如全麦面粉、糙米和燕麦粥中含有大量纤维素，它可减缓碳水化合物转化为糖而进入血流，并使胰岛素水平保持平稳。未去除麸皮的小麦面粉、糙米可使患癌的几率下降1/3。

二、生理与营养知识

1. 有利于儿童长高的几种营养素

锌是有助于儿童身高生长的最重要的营养素。儿童锌缺乏直接影响骨细胞分化和增殖的基本过程。另外，锌对生长激素的合成、分泌像胰岛素样的生长因子也起重要作用。

钙和磷，钙、磷是体内含量最多的矿物质，而99%的钙和80%的磷均存在于骨骼中。由于植物性食物中钙的生物利用率很低，因此儿童平时应多吃含钙丰富的食物，如奶类、豆制品。孩子多晒太阳，加强体育锻炼也有利于骨骼生长。

维生素A，它对维持儿童生长是必需的，也对骨骺软骨中细胞的活性有重要作用。此外，维生素A还可通过甲状腺激素来影响身高增长。

除了以上营养素对身高的直接作用外，铁、锌、核黄素、维生素A还可以通过增强儿童食欲，促进其消化液分泌，影响十二指肠内绒毛的形成及减少患病机会来促进儿童的身高增长。以上所提到的各种营养素应当从丰富合理的膳食中得到，而不是依赖药物。

2. 粗粮对宝宝健康成长有哪些好处

由于粗粮含有较多的膳食纤维，含热量低，因此对于预防儿童肥胖也能起到作用；而预防肥胖又是预防糖尿病、高血压等多种慢性病的重要措施。儿童时期正是生长最快速阶段，对各种营养物质需要量明显高于其他人群。通过合

理摄入粗粮、杂粮而摄取到足够的维生素和矿物质，可供给大脑充足的营养素，以使儿童智力发展得到提高。多吃点粗粮能变换孩子的口味，促进孩子食欲。粗粮中的膳食纤维，虽然不能被人体消化利用，但能通肠化气，清理废物，促进食物残渣顺畅排出体外。

3. 用药物补充营养应注意什么

人体内营养素的主要来源是食物，再好的营养补充剂也代替不了食物的作用。不过，如果孩子真的缺乏某种微量元素，在一段时间内，通过食物是补不上去的，应该考虑药物治疗。在这种情况下，医生一般都会告诉家长营养素应该补多久，怎么补。此时拒绝药物治疗而把希望寄托在食物上，也不太科学，因为出现某种营养素缺乏一定有着它内在的因素，一是孩子生长过快，一般的膳食满足不了他的每日需求，二是这样孩子的家庭在喂养知识方面往往存在问题。另一方面，如果缺了微量元素，孩子可能会食欲不振，这时通过食补就很难补得进去，如果孩子体内营养素缺得太多，就会对身体产生损害。

第十九章　钙与儿童健康

指　南

一、缺钙与佝偻病

1. 钙是人体中含量最多的矿物质

钙这一矿物质占体重的1.5%～2%，成人人体钙含量为1 200～1 300克，足月新生儿含钙28克～30克(占体重1%)。人体钙的99%存在于骨骼与牙齿中，1%存在于软组织、细胞外液和血液中，平时血钙浓度相对恒定。儿童钙的每日需要量为600毫克左右，这一量比铁、锌10毫克的需要量相差很多，因此钙是常量元素。“缺钙”是老百姓的通常说法，人们通常说的“缺钙”在医学上称之为佝偻病，是婴幼儿时期最常见的营养缺乏性疾病之一，由于佝偻病的表现可以从头到脚和从内到外，再粗心的家长也会感觉得到。所以，还没有任何一种疾病能像佝偻病那样如此引起家长的重视和关注。

2. 缺钙与佝偻病不是同一概念

佝偻病主要是由于体内维生素D不足，致使钙、磷代谢失常的一种慢性营养性疾病，全名为维生素D缺乏性佝偻病。“缺钙”是部分小儿膳食钙摄取不足，或是继发于维生素D不足，使钙的吸收下降。当然，也可两者兼而有之，而最常见的是维生素D不足，所以把佝偻病称为缺钙是不恰当的。由于这样的误解，一些家长给小儿吃各种各样的钙，而忽略维生素D的补充，使钙无法吸收利用。相反，补钙过多反而会影响胃肠道功能，造成小儿厌食，导致小儿便秘等。按照我国儿童保健的有关规定，出生后一年内起码应当有四次的家庭访视或去当地的儿保机构做体检，一般在4～6个月开始给宝宝添加辅食的同时应当做一个比较全面的检查，其中就包括佝偻病的早期发现和积极预防。

3. 钙的食物来源

钙的食物来源首推乳类，母乳中的钙仅为牛奶的1/3，但吸收率优于牛乳，因此母乳喂养的孩子较少发生缺钙。每100克牛奶中含钙102毫克，两瓶半牛奶便可满足一个3岁以下孩子一天的钙需要量。其次为海产品，每100克虾皮、蚌肉钙含量分别为991、190毫克。再有就是菌藻类，每100克海带(干)、紫菜、黑木耳钙含量分别为348毫克、264毫克和207毫克。大豆含钙也不少，但其表皮中含有较多的植酸，会妨碍钙质的吸收，去皮后食用吸收率大大增加。有些蔬菜如菠菜含钙也很多，如能先焯后炒，去掉部分草酸后再吃，也不失为钙质的良好来源。

4. 影响宝宝钙吸收的四大因素

钙的摄入：1岁的宝宝，吃奶量开始减少，而此时的辅食又过于精细，这样的宝宝的每日钙摄入大约只能满足需要量的一半。另一方面，食物中还含有许多影响钙吸收和生物利用的因素，比如膳食中食盐含量高或是吃大量动物蛋白质，则钙从尿中的丢失就多。食物如菠菜、油菜，谷物的麸皮中含有大量草酸或植酸，也会影响到食物中钙的吸收。

遗传因素：细心的家长或医生会发现有的宝宝缺钙还和爸爸、妈妈的遗传有关。医学研究证实，对钙磷代谢起重要作用的维生素D在体内必须有一种维生素D的“受体”来接受它，而这种维生素D受体在不同人群基因之间有很大差异，也就是说，一部分人天生就容易出现维生素D的缺乏，这些宝宝缺钙一般会比较明显。

运动量：由于社会的变化，一些家庭不愿意或其他原因无法坚持让孩子经常到户外活动。由于运动量下降，代谢水平降低，自然钙的吸收减少。同时由于接受阳光紫外线照射的机会减少，机体通过皮肤转化的天然维生素D就会减少。

其他因素：包括自然环境的污染、大气雾霾、可吸入颗粒等可使透过大气层的紫外线减少，造成内源性维生素D合成障碍。饮水中植酸、氟含量超标也易导致骨生成障碍。一些家庭经常给孩子服用一些“消食”、“去火”的小中成药以保证孩子健康，其实这些药物的某些成分很可能会导致钙的排泄增加(图19-1)。

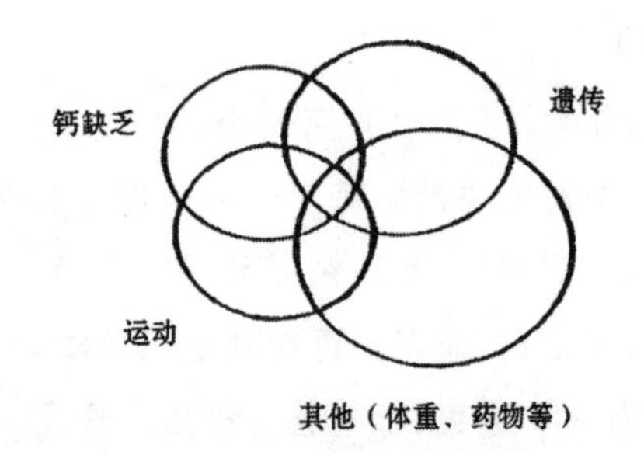

图 19-1　影响钙吸收的多因素相互作用

二、佝偻病的异常表现

1. 不同阶段的佝偻病表现不同

佝偻病的临床表现分为四期，活动早期(初期)，表现为神经系统兴奋性增高，睡眠不安、夜惊、易激惹、烦躁、多汗(与季节无关)。活动期以骨骼变化为主，包括枕秃、前囟门加大、方颅，乳牙萌出迟、牙釉质发育差，肋缘外翻、鸡胸，腕与踝部的环形隆起、“X”或“O”型腿。恢复期即上述症状与体征逐渐减轻或接近消失，精神活泼，肌张力恢复。后遗症期仅留有不同程度的骨骼畸形。在临床上很多家长带孩子来就诊时，宝宝的佝偻病已处于后两个时期。

2. 宝宝出汗多的现象

关于出汗多的现象是很多家长比较关注的内容，实际上宝宝尤其在 1 岁以内的宝宝，自主神经(调节内脏的神经)系统还是在成熟的过程当中，因此当他一有兴奋的时候，第一表现就是出汗，其实这是一个自主神经系统发育不成熟的表现，而这样的出汗一直可以到宝宝 5 岁。宝宝白天活动量大，代谢旺盛，神经系统的兴奋性高，再加上宝宝的自主神经功能发育还不完善，转入睡眠时，旺盛代谢过程无法很快降下来，所以体内大量的热能会在短时间内以出汗的方式释放出来。

3. 宝宝睡觉不踏实是缺钙吗

宝宝睡觉不踏实的原因很多，如果睡觉前活动量大、睡眠环境不好(比如太

热或房间里空气不流通等)，尤其是白天没吃饱等都可能导致宝宝睡不好觉。值得注意的是，有些宝宝 6 个月之后，单纯靠吃奶已不能满足营养需求，而此时添加的辅食如果较长时间停留在稀粥和挂面汤上，会导致能量严重不足，一般夜间睡眠大多不太安稳。因此，出汗多、有枕秃、夜间睡眠不踏实的儿童不一定都是“缺钙”或佝偻病。

4. 正常肋缘外展与佝偻病肋缘外翻的区别

“肋外翻”是婴幼儿佝偻病众多体征之一，肋缘是指胸廓下方肋骨游离部分即肋弓，婴幼儿肋弓正常生理上就处于外展状态，这时由于婴幼儿呼吸以腹式为主，肋骨的前端向下移动而成斜位，这是因为肋间隙较小及膈肌较肋间肌强的缘故。因此，它是婴儿胸廓发育过程的一种生理现象，不能称它为肋外翻，更不应该和缺钙及佝偻病相提并论。

佝偻病所致肋外翻常伴有发病早期神经系统症状，病情进展可出现肌肉和肌腱松弛、严重的可致肌张力低下，受膈肌长期牵引收缩，造成肋弓缘上部内陷，形成肋软骨沟，使肋骨外翻，这才是真正的肋外翻。此病理过程产生多见于 1 岁左右婴幼儿。所以一周岁之内婴儿的所谓“肋外翻”往往是肋外展，属正常生理现象。

特别提示：佝偻病的准确诊断靠什么

检测佝偻病的方法很多，单靠做血液钙检测诊断佝偻病的方法不准确。佝偻病早期，血钙和血磷一般不降低，严重时才会有血钙和血磷下降，因此，血钙和血磷测定，对佝偻病的早期诊断也没什么价值。目前临床多采用测定血中的骨碱性磷酸酶，拍摄手腕部 X 线片或对大些儿童使用骨密度的方法来帮助诊断佝偻病，充其量也仅仅是一个参考。

一个有经验的儿科医生诊断佝偻病或其他营养缺乏症，一般都会根据宝宝的病史、临床症状、体征及化验、X 线检查等来做出综合判断，而不是仅仅根据某一个临床表现或化验值的不正常就给孩子戴上佝偻病的帽子。宝宝的病史包括出生史，即出生体重、生长速度、喂养史，甚至妈妈在怀孕后的健康状况也很重要。

爱心门诊

一、常见问题

1. 宝宝有枕秃，囟门也大，是不是缺钙

仅仅凭这两个很难说是缺钙，要结合临床来看，如果牙齿长出来了，动作发育良好，囟门大些也不必过于担心，一般来说囟门是1岁到1岁半才闭合。枕秃是宝宝枕部头发摩擦造成的，不是缺钙专有的特征。宝宝不长牙齿，囟门又大，还需要了解宝宝的出生、喂养和生长速度等情况，然后看其他的体征，必要时还可以借助孩子手腕部X平片或骨密度检查等，把这些都结合起来考虑再判断是否患有佝偻病。

2. 在室内隔着玻璃晒太阳有效吗

给孩子补充维生素D应该从天自然获得的方面来考虑。鼓励孩子经常到户外去运动，去晒太阳，有的家长在冬季隔着玻璃让孩子晒太阳，由于玻璃对阳光紫外线的阻挡往往起不到补充维生素D的作用。有的家长还有一个误区，认为只抱到外面去就算晒太阳了，我们希望晒太阳的时候应当让孩子的皮肤能够暴露，如果孩子遮得严严实实的，那这个晒太阳的效果就不是很明显。

3. 1岁的宝宝补钙大半年，安全吗

儿童在不同发育阶段，钙的需要量各不相同。钙的补充并不是越多越好。专家们发现，儿童过量服用钙剂，会抑制锌等元素的吸收引起锌缺乏症，这样的患儿有异嗜癖、身材矮小、青春期性器官发育不良、免疫功能低下易发生感染等表现。另外，长期超量的补钙会引起便秘，肾脏功能不良者由于钙的排泄受影响，还有形成肾结石的危害。因此，补钙不是越多越好，多摄入钙含量丰富的食物相对安全。

4. 钙、铁、锌同时补充，行吗

摄取不同钙量的锌、铁平衡实验证明，大剂量钙会影响铁、锌的吸收。但临

床上按照科学剂量同时补钙铁锌会使有缺乏症儿童的三种元素能得到合理的吸收。这是因为儿童钙、铁、锌往往同时存在着缺乏的状况。在此情况下，在补钙防止佝偻病的同时，如给予补铁、补锌，可以改善小儿免疫功能，改善功能代谢，促进小儿佝偻病的痊愈。在纠正贫血的同时，由于情绪稳定，增进食欲，从而有利于钙、锌的吸收。儿童食欲增加，钙铁锌的营养状况都会得到明显改善。因此，在一定条件下，三种元素的科学组合可以起到相互补充相互促进的作用。

二、生理与营养知识

1. 维生素D的桥梁作用及其钙磷比例

维生素D是不可缺少的营养素，好比我们过河，需要船或桥。维生素D能促使小肠黏膜细胞合成一种蛋白质载体——钙蛋白，钙和磷就附着在这种载体上，并随其透过小肠壁而进入血液，加速人体对钙的吸收。此外，肠道合理的钙磷比值，这个比值接近2∶1时，每100毫升血液中含有的钙和磷的毫克数的乘积大于30，钙的吸收处于最佳状态，钙沉积于骨骼的矿化过程才明显地显示出来。再有，乳糖可以和钙在小肠形成可溶性糖钙络合体，穿透小肠壁进入血管。低聚糖和某些小分子氨基酸等也可以促使钙的吸收量增加15%至50%。

2. 并不是所有的宝宝都要补钙

首先要明确，并不是所有的宝宝都要补钙，我们经常见到一些宝宝各方面的发育指标都很好，没有前面所提到的那些情况，精神状况好，容易抚养，骨骼发育也好，感觉孩子很硬棒，这种宝宝根本就没必要补钙。如果一日三餐能给宝宝提供足够的钙，如每天给宝宝喝牛奶或奶制品，再加上蔬菜、水果或豆制品中的钙，基本上能够满足宝宝每天钙的需要量，如果盲目补充过多的钙，不但影响孩子的食欲，大量的钙在肠道内还会影响锌、铁的正常吸收。这是由于铁、锌和钙都是二价阳离子，在肠道吸收时会互相拮抗的缘故，因此不能盲目地给孩子补充大量的钙。

3. 补钙制剂的选择

选购钙剂时首先应注意的无疑是安全，一些质量不高的钙制剂中铅、镉等

重金属含量往往超标，给孩子的健康带来很大的隐患。此外，钙元素的含量、钙的溶解度、吸收率及口感等也需要考虑在内。一些碱性较强的钙剂，如碳酸钙、活性钙等虽然含钙量高达40%，但可引起腹胀、嗳气、便秘等不适，婴幼儿要慎重选择。

目前市场上的主要钙制剂包括无机钙，如碳酸钙、氯化钙、磷酸钙等；有机钙，如柠檬酸钙、乳酸钙、葡萄糖酸钙等两大类。研究证明，不论是哪一类钙，如果儿童体内钙营养正常，吸收率一般都不是很高；儿童生长速度快，在钙营养缺少的情况下，钙吸收率还会稍高一些，但不会像宣传得那样高。

钙的最安全和有效的摄取还是要通过膳食来源，当然，如果再加上用钙强化的食物会更好。在西方国家，几乎见不到给孩子补钙的现象，而强化了维生素D和钙的食品和琳琅满目的乳制品是宝宝钙营养充足的根本保障。

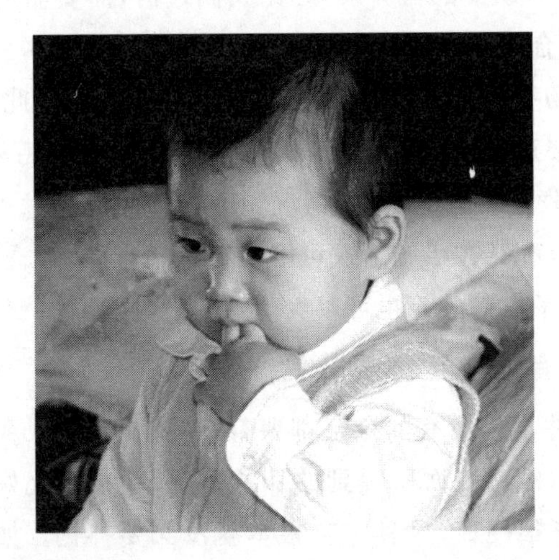

第二十章　铁缺乏与缺铁性贫血

指　南

一、铁与儿童健康

1. 铁元素的重要性

铁是合成人体血红蛋白、肌红蛋白的重要原料，还参与许多生理功能。胎儿在母体时，母亲通过胎盘无私地将铁转送给胎儿，这样一般婴儿出生时体内都贮存了一定量的铁。婴儿靠着体内原有的铁及母乳、配方奶等含铁食物，可保证其造血系统的正常运行，不至于发生缺铁性贫血。当婴儿的体重和血容量相当于出生时的2～3倍时体内存贮的铁消耗殆尽，若此时未能添加一些含铁丰富的食品，小儿就很容易发生缺铁性贫血。因此，6个月至2岁这一阶段是容易发生缺铁性贫血的关键年龄段。

2. 铁缺乏可使孩子智商下降9%

过去人们对缺铁性贫血的认识大多停留在它仅仅是一种铁缺乏导致的贫血症，表现为皮肤黏膜苍白，血红蛋白下降等。目前人们开始认识到，缺铁性贫血大多起病缓慢，开始多不为家长所注意。婴儿常有烦躁不安或精神不振，不爱活动，食欲减退；学龄前和学龄儿童此时可自述疲乏无力，对周围环境不感兴趣等。智力测验发现小儿注意力不集中，理解力降低，反应慢、智商下降。婴幼儿还可出现呼吸暂停现象，缺铁还可导致舌乳头萎缩、胃酸分泌减低及小肠黏膜功能紊乱。

铁缺乏或贫血对儿童精神、运动、行为和智力发育的影响十分普遍又十分

隐蔽，因此危害极大。缺铁性贫血可影响婴幼儿的脑力和智力的发育，铁缺乏可使孩子智商下降9%。值得家长警惕的是，即使轻微的铁缺乏或贫血引起的脑组织损伤也常常是不可逆的，如再加上同时存在的生物学与环境危险因素，婴幼儿期铁缺乏导致的智力伤害可能持续到成年期，甚至终生。

3. 东、西方国家婴幼儿同样面临铁缺乏症

缺铁性贫血是机体铁缺乏症的最终表现。铁缺乏症是世界各国最为常见的营养缺乏症，缺铁性贫血是最常见的营养性贫血，多见于育龄妇女和儿童。6个月后还没有添加辅食或辅食添加不合理，使婴儿需要大量的铁难以满足是导致缺铁性贫血的重要原因。一般婴儿饮食的铁含量或生物可利用率通常低于成人饮食。

值得注意的是不少婴儿贫血的程度较轻，血红蛋白甚至可在正常范围，但实际上体内已处于缺铁状态。营养学家把这种铁缺乏与缺铁性贫血的并存称之为“冰山现象”，即贫血的婴儿只是冰山暴露出的一小部分，而大部分铁缺乏的婴儿都还暗藏在水的下面，尚未被人们发现。据粗略估算，在一所幼儿园或一所学校每发现10名贫血的儿童，就还会有20～30名铁缺乏的儿童同时存在。

特别提示：铁缺乏延缓运动神经发育，损害认知能力的发展

铁缺乏的婴幼儿在精神上常处于紧张状态，有恐惧感，畏怯，比正常儿童更离不开母亲的怀抱。这些孩子常脾气变化很大，由于拒绝与外界的交流，影响儿童的学习能力，因此认识能力的发育渐渐落后于正常儿童。在与语言及学习相关的智力发育方面，表现为对外界事物冷漠，不感兴趣，不主动，注意力不集中。随着年龄的增长，这些儿童逐渐出现学习困难，最终会影响儿童的学习成绩。

二、影响铁缺乏的相关因素

1. 初生时机体铁的含量与贫血的关系

正常新生儿其体内铁的含量约70毫克/100毫升，早产儿及出生低体重儿体内的铁含量与其体重成正比。故出生体重越低，体内铁的总量越少，发生贫血的可能性越大。此外，胎儿经胎盘输血给母体，或双胎中的一胎儿输血给另一胎儿，以及分娩中胎盘血管破裂和脐带结扎等情况（脐带结扎延迟可使新生儿体内铁增加），都可能影响新生儿体内铁的含量。

2. 生长速度与贫血的关系

小儿生长迅速，血容量增加很快。正常婴儿长到4～5个月时体重增加1倍。早产儿增加更快，1岁可增加6倍。若初生时血红蛋白为19克/100毫升，4.5～5个月时降至11克/100毫升左右，此时仅动用储存的铁即可维持，无需在食物中加铁。但早产儿则不同，其需要量远超过正常婴儿。

3. 婴儿饮食中的铁含量和生物利用率

母乳或其他乳类食品营养丰富，但此类食品中铁的含量极低。母乳铁的含量与母亲饮食有关系，一般含铁为1.5毫克/升。牛奶为0.5～1.0毫克/升，羊乳更少。乳类中铁的吸收率为2%～10%，母乳的铁的吸收率较牛乳高（缺铁时母乳中铁吸收率可增至50%）。生后6个月内的婴儿若有足量的母乳喂养，可以维持血红蛋白和储存铁在正常范围内。因此，在不能用母乳喂养时，应喂强化铁的配方奶，并及时添加辅食，否则在体重增长1倍后，储存的铁消耗完，即可能发生贫血。除母乳外，婴幼儿通常吃的大部分食品铁的生物利用率都比较低。动物食品中铁含量较高，但是儿童早期一般摄入量太少，也太晚。

母乳喂养儿于6个月后如不添加辅食，亦可发生贫血。较大儿童如果膳食中动物性食物摄入比例过于低也会导致贫血。6～18月龄是婴幼儿缺铁性贫血高发期，与婴儿开始添加辅食的年龄一致。因此，大多数国家都推荐开始给婴儿添加辅食时应先选择铁强化米粉，美国膳食协会还提出可将肉泥作为添加的第一种食物。

三、铁缺乏及缺铁性贫血的积极防治

1. 铁缺乏及缺铁性贫血的隐蔽表现

值得注意的是不少婴儿贫血的程度较轻，血红蛋白甚至可在正常范围，但实际上体内已处于缺铁状态。这些孩子常常表现为倦怠，对周围环境不感兴趣，或烦躁不安、易怒、厌食、消化不良，抵抗力低等。6个月贫血的婴儿在睡眠初难以安定，辗转不宁，记录分析的结果表示，这些贫血的婴儿心率变化大，心脏活动不成熟。铁缺乏的婴幼儿还常表现得反应不灵敏，有时具有破坏性行为。在运动上，平衡和独立行走的运动技能发育延迟。

2. 食物中铁存在的两种形式

植物中的铁——为非血红素铁，这种铁的吸收率很低。蔬菜、大米等植物中的铁吸收率仅1%左右，在小肠的碱性环境中，植物中的鞣酸等许多有机酸容易形成磷酸铁盐和草酸铁盐而妨碍铁的吸收。

肉类食品中铁——血红素铁，其吸收与非血红素铁的吸收不同，动物食品中的血红蛋白和肌红蛋白在胃酸与蛋白分解酶的作用下，血红素与珠蛋白分离，可被肠黏膜细胞直接吸收，其吸收率为10%～20%，是非血红素铁的几倍乃至数十倍。

当鱼肉或其他肉类与植物食品同时摄入，则可使植物性食物中铁的吸收率增加。丰富的维生素C，可促进食物中铁的吸收。牛奶中铁的吸收率很低，食品中含铁最高的包括黑木耳、海带和猪肝等，其次为瘦肉类、豆类、蛋类等。

3. 铁含量丰富食物的一些误区

蛋黄含铁不少(6.5毫克/100克)，但因含磷酸较多，故吸收率仅3%，不能纠正贫血。菠菜含铁不多(2.9毫克/100克)且含丰富的草酸和植酸，故无助于纠正贫血。赤豆含铁7.4毫克/100克，红枣含1.2毫克/100克，因植酸含量多，故也不能纠正贫血。红枣富含维生素C(243毫克/100克)，但煮熟后大多被破坏。乳类含铁不多，母乳铁的吸收率50%，牛奶仅10%(表20-1)。

表 20-1 食物铁含量及其生物利用

食 物	铁(毫克)	吸收率(%)	净吸收(毫克)
母乳 600 毫升	0.3	50	0.15
谷类 150 克	0.6	8	0.05
肝脏 50 克	0.8(非血红素铁)	10	0.08
	1.2(血红素铁)	23	0.28
合 计			0.56 *

* 达需要量(0.8 毫克)百分比,即 0.56/0.8=70%

爱心门诊

一、常见问题

1. 正在发育中的儿童缺铁,后果会怎样

出生后 6～18 个月,这一阶段发生贫血会对大脑的成长发育产生重要的、也许是不可挽回的影响。这极有可能是由于神经髓鞘形成不充分或不足所造成的,后者可能会导致神经传递和神经传导问题。许多研究显示,这些婴幼儿的神经发育及运动发育指标都很差。这种情况会从此时一直持续到至少 10 岁。这些缺陷大多数表现为语言能力障碍及精神运动缺陷。

2. 如果宝宝缺铁,同时还会缺乏什么

如果宝宝缺铁,他还会有锌缺乏,它与身材矮小有关。如果宝宝缺铁,他很有可能有维生素 A 缺乏,它与儿童感染疾病和死亡率升高有关。如果宝宝缺铁,他还会有钙缺乏,它会导致儿童佝偻病。此外,如果宝宝缺铁,他们还会同时伴有其他矿物质铜、硒等的缺乏。

导致这一结果的原因可以解释为,婴儿出现这些营养素缺乏的原因有很多相同之处,例如母亲体内储存不足,孩子生长速度过快,婴儿饮食结构单一,无法满足孩子快速生长的需求等。以上这些营养物质大多存在于动物肉类食品

中，很多家庭不敢给孩子吃这类食物。因此，如果宝宝饮食缺铁，同时还会缺乏锌、铜、硒、维生素 A，就一点也不奇怪。

3. 维生素 C 的摄入量能促进铁的吸收吗

维生素 C 对于铁的吸收是一种重要的辅助剂。研究结果明确显示，维生素 C 的摄入量与铁的吸收之间存在着直接联系。维生素 C 可增强小肠中非血红素铁的吸收。重要的是，维生素 C 要以食物的形式摄取而不是以药片的形式，因为饮食中的维生素 C 要比药物中的维生素 C 更有效、更安全。

二、生理与营养知识

1. 铁缺乏临床表现的多样化

发病多在 6 个月至 3 岁，大多起病缓慢，开始多不为家长所注意。

一般表现：皮肤黏膜变得苍白，以口唇、口腔黏膜、甲床和手掌最为明显。开始常有烦躁不安或精神不振，不爱活动，食欲减退，学龄前和学龄儿童此时可自述疲乏无力。

神经精神的变化：烦躁不安，对周围环境不感兴趣。智力测验发现病儿注意力不集中，理解力降低，反应慢，智商可下降 9%。

对人体代谢的影响：可出现食欲不振，体重增长减慢，舌乳头萎缩，胃酸分泌减低及小肠黏膜功能紊乱。婴幼儿还可出现呼吸暂停现象。

免疫力降低：此类病人 E 玫瑰花结、活性 E 玫瑰花结形成率皆降低，其他测试机体免疫力皮肤试验反应明显低于正常，说明 T 淋巴细胞功能减弱。

2. 儿童营养性贫血，叶酸缺乏也起很大作用

一项研究发现，营养性贫血的婴幼儿中，叶酸缺乏者的比例很高。这一发现提醒人们，婴幼儿贫血时同样存在叶酸缺乏的因素，而且叶酸缺乏小儿的贫血时间比单纯铁缺乏小儿明显延长。

对营养性贫血原因的研究结果表明，大部分的营养性贫血婴儿血清中的铁、铜、锌等微量元素含量降低，并且，单纯采用铁剂治疗缺铁性贫血时，部分小儿的疗效不佳，而同时加入锌或铜剂给予治疗时，贫血状况得以改善。这表明，

缺铁性贫血的发生与某些微量元素缺乏密切相关。

3. 脐带结扎延迟增加婴儿铁的储存

足月儿出生后脐带晚结扎 2 分钟以上有益于新生儿，脐带结扎延迟可使新生儿从母体胎盘得到 75 毫克铁，75 毫克大约是 3.5 个月的铁需要量，这一效应并可延及婴儿期。这种做法对低铁蛋白母亲的婴儿机体铁储存的增加更明显。对出生体重小于 3 000 克的婴儿铁储存的增加明显优于 3 000 克以上的婴儿。对非强化铁配方奶或牛奶喂养婴儿铁储存的增加也更为明显。

4. 母亲的无私奉献

母亲妊娠期间有缺铁性贫血，与婴儿贫血并无肯定的关系，因为胎盘可将血清铁含量低的母体内的铁运送到血清铁浓度高的胎儿体中，无论母亲缺铁与否，或饮食的质量如何，输入用同位素标记的铁后，约有 10% 的铁进入胎儿体内。故出生时，无论母亲有无贫血，新生儿的血红蛋白、血清铁蛋白和血清铁的浓度并无明显差别，与母亲的血红蛋白并不成比例。即使母亲患中度或重度贫血，婴儿的血清铁蛋白仍可在正常范围内。

第二十一章 婴幼儿锌营养缺乏

指 南

一、锌营养与儿童健康

1. 锌元素在人体内发挥重要作用

锌元素在人体200多种酶当中发挥重要的作用，尤其是DNA、RNA合成不可缺少的酶，对脑发育和脑功能均具有重要的生理作用。一定剂量范围内的锌元素能促进神经细胞的生长发育、增殖及DNA复制和蛋白质合成，这可能是锌元素促进脑发育和功能的部分机制。锌元素在消化、循环、伤口愈合、肾功能、呼吸、代谢、味觉和嗅觉等方面也起着重要的作用。还帮助建立人的免疫功能，锌元素还参与输送信号到中枢神经系统，增加记忆和思维技能。研究还表明，锌缺乏还可以影响认知功能，导致学习能力的损害和工作记忆能力的缺乏。

2. 锌元素对孩子的影响

临床研究表明，锌缺乏导致生长发育障碍，即使是轻微的缺乏也可以影响健康儿童的生长，导致食欲降低、异食癖，在皮肤和黏膜的交界处及肢端发生经久不愈的皮炎。多汗的孩子会造成汗液中锌的丢失，引起缺锌。此外，因影响维生素A的转运还可伴发夜盲症。锌元素对孩子正常的学习、工作、行为表现起到了保驾护航的作用。研究还表明，锌、铁元素与儿童行为、智商等有着密切的关系，与智商呈正相关，两种元素的含量与高智商及低智商儿童的比较差异显著。

二、锌缺乏症的防治

1. 有多少儿童患锌缺乏症

从世界粮农组织资料获悉，大约48%的世界人口面临着锌缺乏的危险。在我国，儿童锌缺乏率在50%左右，以边缘性锌缺乏常见。锌缺乏导致儿童生长发育障碍，增加感染率，如腹泻和肺炎。婴儿、青少年、怀孕和哺乳期妇女是锌缺乏的高危人群，因为他们在此时期对锌有着特殊的需要。在美国50%的贫穷儿童和30%的非贫穷儿童锌摄入不足推荐量的70%（按照美国要求锌摄入量儿童10毫克/天）。在多种微量元素中，孩子们缺锌的状况往往比其他营养素缺乏更严重。

2. 儿童为什么容易缺锌

儿童一直处于不断的生长发育过程中，而且膳食比较单调，故较易发生锌的缺乏。在农村和边远地区，由于营养知识缺乏及辅食供应等问题，更容易缺锌。婴幼儿缺锌常有喂养和疾病两方面的原因，母乳锌的生物利用率高，而且母乳可减少消化道感染，有利于锌元素的吸收和储存。锌缺乏也是导致高危儿出生后生长迟缓的因素之一。母亲哺乳期锌营养的需要比怀孕期要更多，尤其是产后的头几个星期，哺乳期对母亲体内锌平衡是一个很大的威胁。摄入锌营养对母亲的好处包括促进婴儿的生长发育和免疫功能。

爱心门诊

一、常见问题

1. 出汗多就是缺锌吗

现在有一个误区，认为小孩子长得不好就是缺锌，其实很难用一个微量元素来解释宝宝的生长方面的问题，所以还是要做一个全面而详细的调查，看看宝宝的生长趋势，再调查他的膳食情况，然后才能下定论；而不是凡是长得不好

都是缺锌，即使补锌了，其实也不见得能改善他的生长和营养状况。宝宝多汗与其生理特点——基础代谢率高有关，不一定都是缺锌造成的。

2. 饮食单一的孩子容易缺锌

在婴幼儿期间，一般饮食多以植物性食物为主，虽然植物性食物中也含有较多的锌，但其中的锌不容易被吸收利用，原因是植物性食品含有较多的植酸、纤维素，植酸可以和钙、锌结合形成难溶的植酸——钙锌复合物，使锌的吸收大为减少。谷类的糠中含有的纤维素和半纤维素也抑制锌的吸收。草酸是蔬菜含有的成分，菠菜中含大量的草酸，与锌相遇并结合，使锌不能被吸收。这些因素使锌的吸收少，利用差，对儿童产生锌缺乏有重要影响。

二、生理与营养知识

1. 不要把锌元素当滋补品给孩子补充

有些家长知道小孩子缺锌会影响身体和智力发育，于是很担心自己的小宝宝也缺锌，甚至自己买些含锌的药水给孩子滋补。其实这样做很危险，锌对人体健康很重要，但并非多多益善，要是把含锌的药物当成营养药，天天让孩子服用，就会危害健康。

人体内的微量元素和其他营养物质一样都有一定的含量和比例，既不可少，也不可多。若补锌过多，可使体内的维生素C和铁的含量减少并抑制铁的吸收和利用，从而引起缺铁性贫血。当孩子体内锌元素过多，钙元素减少时，在镁离子的作用下，还可抑制人体吞噬细胞的活性，免疫力下降，抗病能力差。给孩子服含锌的药物过长，还会使体内锌、铜元素的比值增大，影响胆固醇的代谢，使血脂升高，促使动脉发生粥样硬化，为日后得心脑血管病埋下隐患。

2. 锌元素含量高的食物

补锌主要通过合理膳食，锌元素含量高的食物一般是牛肉、牡蛎和动物肝脏等动物性食物。其他，像玉米、松子、芝麻和植物坚果都含较多的锌，这些食物可以优先选择。另外，提倡母乳喂养，母乳尤其是初乳中含锌最丰富，提倡母乳喂养对预防缺锌具有重要的意义。动物性食物不仅含锌丰富(3～5毫克/100

克)，而且生物利用率也不低，但其他植物性食物含锌仅约 1 毫克/100 克，且其利用率较低(约 10%)。还应注意不要让孩子吃过多的白糖和甜食，以免影响锌元素的吸收。

第二十二章 维生素A、维生素D与儿童健康

指 南

一、维生素D缺乏

1. 维生素D是什么

维生素D是一种脂溶性的维生素。它在人类营养中起着重要作用,维生素D的主要功能,包括促使骨与软骨的骨化,促进小肠中钙、磷的吸收,促进钙、磷在肾脏中的重吸收,维持骨骼与牙齿的正常生长的功能。近年来研究证实,维生素D还具有免疫调节功能,可改变机体对感染的反应。

那么维生素D是如何发挥作用的呢?维生素D并不能直接起作用,人体自身制造的维生素D(在皮肤形成)和从食物中吸收的维生素D,由血液首先运送到肝脏进行加工(用不了的部分储存在肝脏),新产生的物质再被运送到肾脏进行加工,产生具有抗佝偻病的活性物质。如果在以上的任何一个环节出了毛病,都有可能引起维生素D缺乏,导致佝偻病。

2. 维生素D——人体骨骼的建筑师

人们一提到佝偻病,第一反应也许是——"缺钙",其实真正与之有着密切关系的不完全是钙,而是一种维生素——维生素D。儿童骨骼的生长与钙、磷及维生素D三者有关,缺一不可,其中起关键作用的是维生素D。这就好比盖房子,钙和磷就是砖瓦和木材,维生素D就是建筑师。当维生素D缺乏时,钙盐不能正常地沉着在骨骼的生长部分,以致骨骼发生病变,如方颅、鸡胸、"O"型腿等,同时还可影响神经、肌肉、造血、免疫等组织器官的功能。

3. 哪些原因导致维生素D缺乏

日光照射不足：皮肤合成是婴儿摄取维生素D的主要来源。在一定范围内，日光接触越强，维生素D的合成越多。如果婴儿不常晒太阳，就会影响维生素D的合成。

喂养不当：母乳和一般的奶制品的维生素D含量极少，谷物和蔬菜中更少。如果把婴儿的食物总和比作一个大西瓜的话，维生素D的含量可能也就只有一粒最小的西瓜子那么多，真是少得可怜。对于生长中的宝宝而言，怎么可能够呢？

生长过快：一部分宝宝身体发育很快，机体对于维生素D的需求量很大，摄取的量不能满足骨骼发育所需，这时也会出现维生素D缺乏的表现。

疾病影响：如果小儿患有肝肾疾病、胃肠道疾病，具有活性的维生素D就不能很好地合成与吸收。

母亲的原因：如果母亲年龄大，营养不良或体弱多病，孕期日照不足，都会导致自身维生素D及钙磷不足，进而影响到宝宝，可能导致先天性佝偻病。

4. 如何进行日光浴

一般来说，气温20℃～24℃的时候最适合。夏季，南方以上午8点到9点为宜，北方以上午9点到10点为宜，下午3点到6点也可以；冬季则以上午10

点到12点为宜；春秋季上午10点到下午2点比较合适。

对于刚满月的小婴儿来说，日光浴要有一个适应的过程，照射时间和照射面积要逐渐增加，循序渐进。一开始先暴露出小腿以下的部位，让阳光照射半分钟到1分钟，这样做3、4天后，再逐渐扩大到大腿、腹部、胸部乃至全身。照射的时间每隔1～2天增加1分钟，逐渐增加到一次全身日光浴25～30分钟。这时，宝宝的适应力增强了，就可以经常抱宝宝到户外活动了。

有几点需要注意：冬天要找避风的地方晒太阳，夏天最好在阴凉处，要避免曝晒；不能隔着玻璃晒；不要让阳光直射到宝宝的眼睛上，可以戴个小帽子遮挡一下；不要在宝宝饿着肚子和刚吃饱的时候晒太阳；晒完太阳给宝宝喝点水。

5. 母乳或配方奶不能提供足够的维生素D

如果你认为你的宝宝仅靠吃母乳或配方奶就能摄入足够的维生素D，也许你的看法不对。最新的研究表明，大多数儿童对这一关键维生素的摄入量不足。研究者说，他们知道美国儿童和青少年，体内维生素D普遍不足，但是他们很惊讶于现况严重的程度，尤其是资料来源具有广泛的全国性代表，受试者的数目又很大，抽样代表性很高。

在2003年，美国有关机构推荐成年人每日摄取200IU维生素D。到了2008年，这一机构鉴于美国一般人维生素D不足，将每日推荐量增加到400IU。2008年10月，美国儿科学会建议对婴儿、幼儿以及青少年每日补充维生素D 400IU，其中包括母乳喂养的宝宝。

6. 要充分重视维生素D的补充

近年来，人们对维生素D有了更进一步的认识。随着生活条件的变化及防晒用品使用率的上升，血液维生素D水平测试显示，相当一部分人缺乏维生素D。研究发现，维生素D缺乏发生在所有年龄段的婴幼儿中，甚至包括青少年和成人。因此，补充维生素D非常重要，因为大部分婴幼儿无法仅从膳食中摄入足够的维生素D。不额外补充维生素D的纯母乳喂养宝宝佝偻病患病的风险高。流行病学证据显示，维生素D不仅帮助强健骨骼，还可能有助于预防成年之后一些慢性疾病的发生，尤其是一些免疫系统和心血管系统疾病。

7. 美国儿童青少年维生素 D 不足

美国一篇 2009 年的研究报告说：研究者分析美国 2001～2004 年间 6 275 位受试者血中维生素 D(测量 25(OH)-D_3)浓度和营养、健康等资料，其中 61% 的儿童和青春期人口维生素 D 不足，而且 9%已达到维生素 D 缺乏的程度。研究人员解释：母乳喂养的宝宝每天应当通过补充 400 国际单位的维生素 D 来获取足够的量。在断奶之后，也应该在宝宝幼儿和青少年时期继续补充维生素 D。配方奶喂养的宝宝，对维生素 D 的需求是相同的。如果宝宝每天吃奶的量没有达到 1 000 毫升，同样需要补充维生素 D。

二、亚临床维生素 A 缺乏

1. 维生素 A——人体重要的微营养素

维生素 A 是人体重要的微营养素，维持上皮细胞的完整，影响正常的视觉功能，参与糖蛋白和粘蛋白合成，对儿童生长发育、铁代谢、免疫功能和生殖功能有重要影响。随着经济和生活水平的不断提高，目前真正的临床维生素 A 缺乏症的发生率低。在营养状况好，健康学龄儿童中应少于 5%。如临床维生素 A 缺乏的发生率＞10%，则提示维生素 A 缺乏成为了一个公共卫生问题。

2. 什么是亚临床维生素 A 缺乏

所谓的亚临床维生素 A 缺乏是指儿童因维生素 A 摄入不足导致维生素 A 处于临界的缺乏状态，其特点是无典型临床表现，但体内维生素 A 总体含量已经低下，某些组织中的维生素 A 含量尚处于正常低值，肝脏中维生素 A 储备基本耗竭，血清维生素 A 含量低于 30 微克/100 毫升。

亚临床维生素 A 缺乏在我国较常见，尤其在春季，其原因缘于膳食中维生素 A 的摄入不足。儿童维生素 A 每日仅需 200 微克左右，但许多儿童由于挑食、偏食和膳食结构不合理而出现轻微的维生素 A 缺乏，即亚临床维生素 A 缺乏。这些儿童通常在体检或反复患感染性疾病时，通过血液化验发现维生素 A 含量很低。由于维生素 A 缺乏直接影响到机体免疫力，因此患各种呼吸道、消化道疾病的机会及其程度都明显高于正常儿童。

3. 维生素A缺乏的原因及后果

婴儿维生素A的主要来源是母乳，母乳喂养的婴儿很少发生维生素A缺乏。维生素A缺乏的母亲的母乳中维生素A含量低，与过早断母乳的婴儿一样，其维生素A缺乏母亲的婴儿有早期发生维生素A缺乏的危险。腹泻、发热等疾病时维生素A吸收减少，同时利用与排出增加。当体内维生素A储备下降影响机体生理功能时，首先是影响上皮细胞的完整和免疫系统，继而影响视觉功能。维生素A缺乏影响铁的转运与利用，维生素A缺乏与铁缺乏一样，与社会经济状况密切相关。

4. 维生素A缺乏的人群干预

20世纪90年代，在世界卫生组织推荐下，与免疫接种的同时进行维生素A补充已覆盖越来越多的地区与国家。充足量维生素A能改善机体维生素A储备，预防维生素A缺乏。一般口服推荐的大剂量维生素A(3个月或6个月一次)无不良反应，偶有轻微副作用(如婴儿前囟饱满或隆起、呕吐等)，但为一过性，无需特殊处理。

资料表明，维生素A缺乏地区的新生儿肝脏维生素A储备有限，婴儿早期补充维生素A可促进后期维生素A储备和改善维生素A营养状况。改善6个月以下婴儿的维生素A营养状况有两种方式：其一为母亲产后8周内补充20万国际单位的维生素A以提高母乳中维生素A浓度；再者为直接给婴儿补充维生素A。母亲补充维生素A时应注意避孕，因为孕早期大剂量维生素A对胎儿有致畸的危险。

一、常见问题

1. 补充维生素D的天然途径

除了营养补充剂，富含维生素D的天然食物很少——包括富含脂肪的鱼类、牛肝、奶酪、蛋黄及一些菌菇。富含脂肪的鱼类是维生素D最佳的膳食来源

之一。例如，100 克烹制过的三文鱼中含有约 360 国际单位的维生素 D(相当于儿童每日推荐摄入量的 90%)。其他富含脂肪的鱼类包括金枪鱼、鲭鱼、鳟鱼、鲱鱼、沙丁鱼等。

2. 补钙和补鱼肝油哪个更重要

如果只是单一的补钙而不补充维生素 D，往往是白补，因为在母乳或配方奶当中钙的含量是很高的。目前大多小婴儿采用常规的吃鱼肝油是合理的，是否需要补钙一定要在医生的指导下进行。当孩子出现各种各样佝偻病的表现，例如孩子头顶按压的时候比较软，在北方地区更严重的有漏斗胸，鸡胸，X 型腿，这些是维生素 D 缺乏所造成的。一些家长动辄就认为宝宝是缺钙，所以现在补钙产品是铺天盖地，这样做缺乏合理性。

3. 补充维生素 D 也要注意安全

对于补充维生素 D 的方式，和以往的建议没有区别。任何为儿童设计的含 400 国际单位维生素 D 的多元维生素咀嚼片都是可以的，对于婴儿可以选用液体制剂。通常来说，咀嚼片适合于 3 岁以上的儿童。像所有药品和营养补充剂一样，维生素 D 补充剂也必须放在儿童无法触及的地方。滴剂类产品的风险在于婴儿或者家中其他儿童容易因误食而摄入过量的维生素 D。

4. 如何满足维生素 A 的摄入

母乳中富含维生素 A，其他富含维生素 A 的食物有动物肝脏、蛋类、乳制品、黄色或橘黄色的水果蔬菜以及其他一些深色绿叶蔬菜。如果这些食物的数量不足以提供充足的维生素 A，需要给儿童服用维生素 A 胶囊进行补充。由于饮食结构的不合理或儿童有挑食习惯，一些家庭注意均衡膳食和适量补充维生素 A 两者兼顾。

二、生理与营养知识

1. 注意鱼肝油中维生素 D 与维生素 A 的不同含量

鱼肝油制剂有不同的配方，有淡鱼肝油，如橙汁鱼肝油、乳白鱼肝油，其中

含维生素D只有11国际单位,而含维生素A有77国际单位。如果为了达到每天需补充400国际单位维生素D的预防目的,这时维生素A的摄入量就会远远超过生理需要量。如果你只是给小儿每天服用几滴淡鱼肝油,是不能起到预防佝偻病作用的。浓缩鱼肝油制剂,由于其中维生素D与维生素A比例不同而有不同的剂型。补充2:1剂型维生素D 400单位时,同时可补充维生素A 800单位,没有超过规定的小儿每日推荐的维生素A量。

2. 防止维生素D中毒

对于婴幼儿、青少年、孕妇和乳母来说,每日给予维生素D 400国际单位已可满足人体生理的需要。一般情况下,不应过大剂量补充维生素D,如果过量服用维生素D,并连续数月,即可中毒,甚至产生不可逆的后果。中毒的症状有:食欲减退,生长迟缓,血钙升高,最终有可能导致肾衰竭,并危及生命。

3. 维生素A缺乏与贫血息息相关

维生素A缺乏与缺铁性贫血是儿童时期最常见的两种营养缺乏性疾病,这两种营养缺乏病在其发病及其治疗中相互依赖、相互关联,就像一对孪生兄弟。维生素A缺乏的儿童除呼吸道和消化道感染性疾病的易感性升高外,往往同时存在一定程度的贫血。同样,随着贫血程度的加重,维生素A缺乏率增加。在缺铁性贫血治疗的同时如增加维生素A补充,有着事半功倍的效果。临床有时见到一些儿童有缺铁性贫血的征象,使用补铁剂治疗效果不佳,当同时补充一定剂量维生素A后,贫血很快得到纠正。其机制认为是维生素A缺乏造成肝储存的铁不能释放,影响血红蛋白合成,也有人认为,造成幼红细胞增殖分化障碍。补充维生素A能改善机体对铁的吸收、运转和分布,促进造血功能。